园/林/植/物/图/鉴/系/列

350种花境植物应用图鉴

任全进　于金平　杨　虹　编

化学工业出版社
·北京·

《350种花境植物应用图鉴》共收录了常见花境植物350种。按照多年生宿根观赏植物，花灌木、小乔木花境植物，一二年生花境植物进行编排，涵盖了全国大部分地区常见的花境植物，每种植物均附有色彩斑斓的写实照片。全书内容丰富，文字表达翔实简练，植物识别特征明显，图文并茂，对各种花境植物的学名、科属、形态特征、生长习性、园林用途、适用地区进行了精炼概括，具有较高的知识性、实用性和科普鉴赏价值。

《350种花境植物应用图鉴》适合从事园林规划、设计、施工、养护、园艺、园林管理部门相关从业人员使用，也可作为农林院校园林、园艺、林学相关专业师生的教学实习参考用书。

图书在版编目（CIP）数据

350种花境植物应用图鉴 / 任全进，于金平，杨虹编. —北京：化学工业出版社，2020.2（2023.1 重印）
ISBN 978-7-122-36033-5

Ⅰ. ①3… Ⅱ. ①任…②于…③杨… Ⅲ. ①园林植物-图集 Ⅳ. ①S68-64

中国版本图书馆CIP数据核字（2019）第295522号

责任编辑：尤彩霞　　装帧设计：关　飞
责任校对：张雨彤

出版发行：化学工业出版社（北京市东城区青年湖南街13号　邮政编码100011）
印　　装：北京瑞禾彩色印刷有限公司
889mm×1194mm　1/32　印张$11^3/_4$　字数396千字
2023年1月北京第1版第3次印刷

购书咨询：010-64518888　　售后服务：010-64518899
网　　址：http://www.cip.com.cn
凡购买本书，如有缺损质量问题，本社销售中心负责调换。

定　　价：78.00元

前 言

花境是以草本花卉为主，配以适量草坪、低矮花灌木及小乔木或者园林艺术小品，并根据自然风景中林缘野生花卉自然分散生长的规律，加以艺术提炼，栽种于树丛、绿篱、栏杆、绿地边缘、道路两旁及建筑物前等处，所营造的植物景观类型。

如今，在我国大中城市公共绿地的景观设计中，花境设计应用越来越多。在公园、休闲广场、居住小区等绿地配置不同类型的花境，各种花卉高低错落排列，层次丰富，既表现了植物个体生长的自然美，又展示了植物自然组合的群体美，极大地丰富了视觉效果。花境的应用不仅符合当前人们对回归自然的追求，也符合生态城市建设对植物多样性的要求，受到越来越多园艺工作者和景观设计师的喜爱。

在园林设计中，相关工作人员经常要进行花境植物花卉的选择。《350种花境植物应用图鉴》中整理的花境植物包括多年生宿根观赏植物，花灌木、小乔木花境植物及一二年生花境植物，涵盖了全国大部分地区常见的花境植物，内容丰富，文字表达翔实简练，植物识别特征明显，对各种花境植物的学名、形态特征、生长习性、园林用途、适用地区等进行了精炼概括，因而很适合从事园林规划、设计、施工、养护、园艺方向的师生和管理部门相关从业人员使用。

《350种花境植物应用图鉴》在编写中得到了南京市园林学会、江苏省风景园林协会及2018年中医药公共卫生服务补助专项“全国中药资源普查项目”（财社［2018］43号）的支持，在此表示感谢。

由于编者水平有限，书中难免有不足之处，敬请广大读者批评指正。

编者

2020年2月

于江苏省中国科学院植物研究所（南京中山植物园）

植物主要性状图例说明

树形：

圆锥形

圆球形

长卵圆形

圆柱形

垂枝形

匍匐形

叶片着生方式：

叶片对生

叶片轮生

叶片互生

树木的分枝方式：

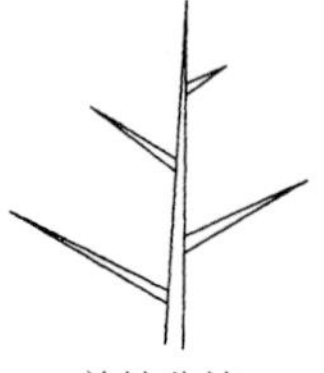

单轴分枝

假二叉分枝

单叶叶形：

披针形

长卵形

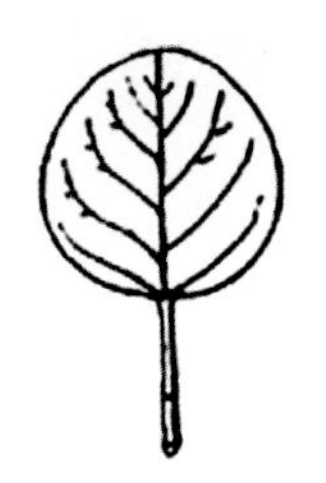

阔卵形

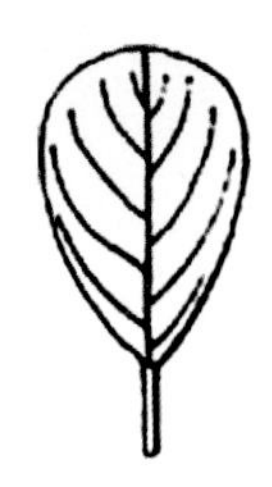

倒卵形

复叶叶形：

三出复叶

掌状复叶

奇数羽状复叶

偶数羽状复叶

花序类型：

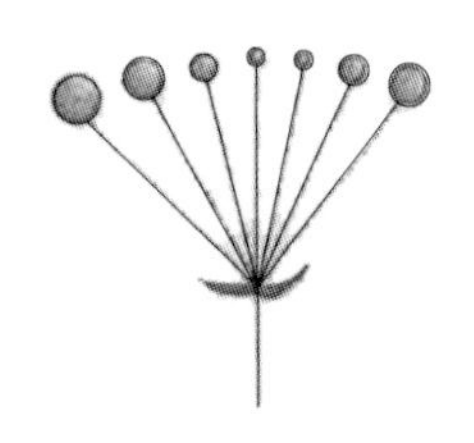

伞形花序

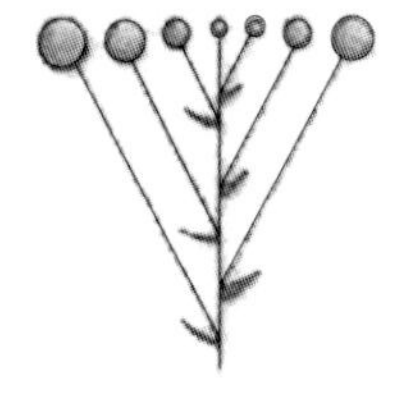

伞房花序

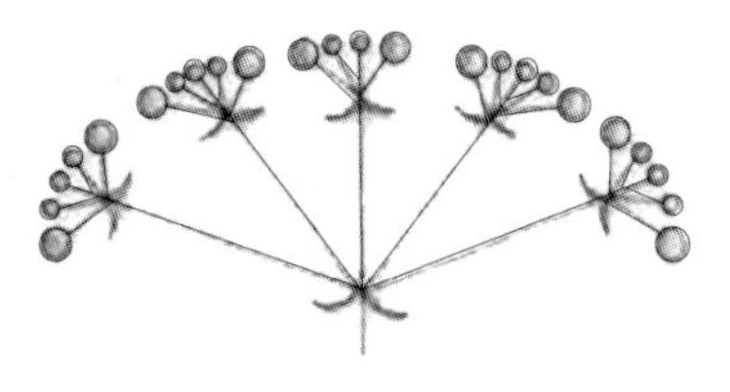

复伞房花序

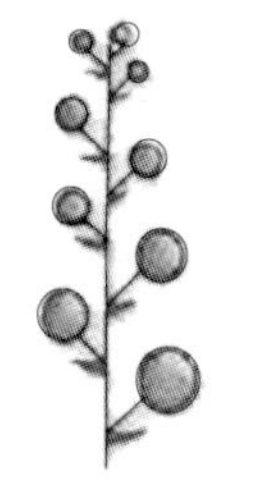

总状花序

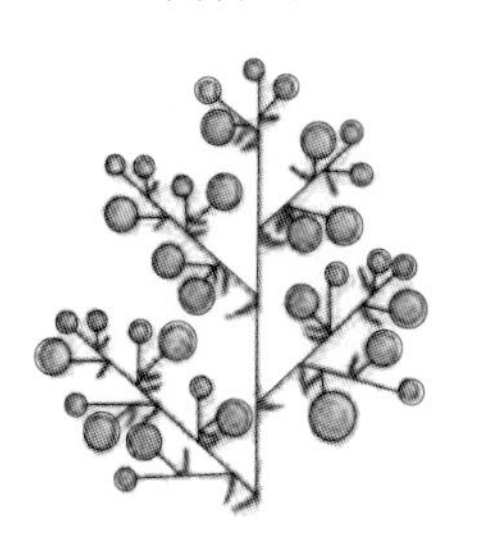

圆锥花序

葇荑花序

目 录

二、花灌木、小乔木花境植物 / 201

三、一二年生花境植物 / 308

一、多年生宿根观赏植物

1. 花叶燕麦草

学名： *Arrhenatherum elatius* var. bulbosum ‘Variegatum’

科属：禾本科燕麦草属。

形态特征：多年生草本，须根粗壮。秆基部膨大呈念珠状；叶片较长，具黄白色边缘。圆锥花序疏松，灰绿色或略带紫色，有光泽，分枝簇生，直立。

生长习性：喜温暖湿润气候，能耐夏季炎热；也较耐寒、耐旱，抗碱力中等。对土壤要求不严，不耐阴，在南方温暖地区则终年常绿。

园林用途：观叶地被植物，色彩清洁明快，特别在冬季，万物沉睡，绿叶凋零，它却生机盎然。适宜布置花境、花坛和大型绿地。

适用地区：全国各地。

2. 玉带草

学名：*Phalaris arundinacea* var. *picta* Linn.

科属：禾本科虉草属。

形态特征：多年生草本。叶片扁平，绿色，有白色条纹间于其中，柔软而似丝带。圆锥花序紧密狭窄，长8～15cm，分枝直向上举，密生小穗。花果期6～8月份。

生长习性：耐寒，耐旱，耐热，耐半阴，适应性强，不择土壤。

园林用途：观叶植物，叶轻柔飘逸，白绿相间，是优良的彩叶地被植物。适宜片植林缘、布置花境或作湿地植物应用。

适用地区：全国各地。

3. 血草

学名：*Imperata cylindrica* 'Rubra'

科属：禾本科白茅属。

形态特征：多年生草本。株高60cm左右。叶丛生，剑形，常年保持深血红色。圆锥花序，小穗银白色。花期夏末。

生长习性：耐热，喜湿润而排水良好的土壤。

园林用途：叶片先端红色，春季里新发嫩叶色泽鲜红，是优良的彩叶地被植物。适宜花境、花坛、邻水栽植、大型绿地片植等。

适用地区：长江流域及以南地区。

4. 小盼草（宽叶林燕麦）

学名： *Chasmanthium latifolium* (Michx.) Yates

科属： 禾本科凌风草属。

形态特征： 多年生草本，植株高50cm左右。叶绿色，半常绿；直立，紧密丛生。风铃状花穗。

生长习性： 土壤适应性强，稍耐阴。

园林用途： 风铃状花穗低垂，随风拂动，煞是可爱，颇具观赏性。适宜花境、花坛、林缘、水边等处片植或成丛点缀。

适用地区： 全国各地。

5. 花叶芦竹

学名：*Arundo donax* 'Versicolor'

科属：禾本科芦竹属。

形态特征：多年生草本。根状茎发达，秆粗大直立，高3cm以上，具多数节，常生分枝。叶鞘长于节间，无毛或颈部具长柔毛，叶舌截平，叶片扁平，基部白色，抱茎，常具黄绿色或银白色条纹。花果期9～12月份。

生长习性：喜温，喜光，喜水湿，耐寒。

园林用途：早春叶色黄白相间，后增加绿色条纹，盛夏新叶为绿色，秋季花序飘逸。园林水景背景材料,也可点缀于桥、亭、榭等处。片植、丛植效果均十分理想。

适用地区：华东、华南、西南地区。

6. 蒲苇

学名：*Cortaderia selloana* (Schult.) Aschers. et Graebn.

科属：禾本科蒲苇属。

形态特征：多年生草本。雌雄异株，秆高大粗壮，丛生，高2～3m。叶片质硬，狭窄，长达1～3m。圆锥花序大型稠密，长0.5～1m，银白色至粉红色。花期9～10月份。

生长习性：性强健，耐寒，喜温暖湿润、阳光充足气候。

园林用途：花穗长而秀丽雅致，颇具观赏性。花境的背景材料。可在庭院和公园内，成片植于岸边，入秋时节赏其银白色羽状穗的圆锥花序，具有优良的观赏价值。

适用地区：全国各地。

7. 蓝羊茅

学名：*Festuca glauca* Vill.

科属：禾本科羊茅属。

形态特征：常绿草本，株高40cm，丛生，直立平滑。叶片向内卷成针状或毛发状，蓝绿色，具银白霜。圆锥花序，长10cm。花期5月份。

生长习性：喜光，耐寒，耐旱，耐贫瘠。喜中性或弱酸性疏松土，稍耐盐碱。全日照或部分荫蔽长势良好，忌低洼积水。耐寒至-35℃。

园林用途：春、秋季节为蓝色，观赏价值极高。适合作花坛、花境镶边用，其突出的颜色可以和花坛、花境其他植物形成鲜明的对比。还可用作道路两边的镶边植物，成片种植或花坛镶边效果优佳。

适用地区：全国各地。

8. 花叶芦荻

学名：*Arundo donax* var.versicolor

科属：禾本科花叶芦荻属。

形态特征：多年生草本。茎部粗壮近木质化，丛生。叶互生，排成二列，弯垂，灰绿色，具白色纵条纹。羽毛状大型散穗花序顶生，多分枝，直立或略弯垂，初开时带红色，后转白色。花期秋季。

生长习性：喜温暖、水湿。耐寒性不强。

园林用途：叶具白色纵条纹，为彩叶观赏植物。可作园林水边绿化材料，或与景石搭配，优雅别致。

适用地区：长江流域及以南地区。

9. 狼尾草

学名：*Pennisetum alopecuroides* (L.) Spreng.

科属：禾本科狼尾草属。

形态特征：多年生草本。秆直立，丛生。叶鞘光滑，两侧压扁，秆上部者长于节间。叶片线形，先端长渐尖，基部生疣毛。圆锥花序直立，主轴密生柔毛。颖果长圆形。花果期夏秋季。

生长习性：喜光照充足的生长环境，耐旱，耐湿，亦能耐半阴，且抗寒性强。

园林用途：茂密、纤柔的狼尾草随风摇摆，飘逸潇洒，景致极具自然野趣。片植或丛植于郊野公园、湿地公园、生态公园、石头旁及驳岸边坡等。

适用地区：东北、华北、华东、中南及西南地区。

10. 细茎针茅

学名：*Stipa tenuissima* Trin.

科属：禾本科针茅属。

形态特征：多年生常绿草本。高约50cm。植株密集丛生，茎秆细弱柔软。叶片细长如丝状，花期6～9月份。

生长习性：非常耐旱，适合在土壤排水良好的地方种植，喜光，也耐半阴。喜欢冷凉的气候，夏季高温时休眠。

园林用途：叶片细长如丝状，花序银白色，柔软下垂，形态优美，微风吹拂，分外妖娆。园林中可与岩石配置，也可种于路旁、小径，具有野趣。

适用地区：华北、西北、华东地区。

11. 花叶芒

学名：*Miscanthus sinensis*'Variegatus'

科属：禾本科芒属。

形态特征：多年生草本。株高1.5m左右，具根状茎，丛生。叶片呈拱形向地面弯曲，叶片长60 ～ 90cm，浅绿色，有奶白色条纹，条纹与叶片等长。圆锥花序，花序深粉色。花期9 ～ 10月份。

生长习性：喜光，耐半阴，耐寒，耐旱，也耐涝，适应性强，不择土壤。

园林用途：叶片浅绿色，有奶白色条纹，为优良的彩叶观赏草品种。是园林景观中的点缀植物，可单株种植、片植或盆栽观赏。与其他花卉及不同的宿根地被植物组合种植，景观效果更好。可用于花境、花坛、岩石园、石头旁、桥边等处，可作为假山、水边等处的背景材料。

适用地区：华北、华中、华东、华南地区。

12. 斑叶芒

学名：*Miscanthus sinensis* 'Zebrinus'

科属：禾本科芒属。

形态特征：多年生草本。茎高1.2m，丛生状。叶鞘长于节间，鞘口有长柔毛，叶下面疏生柔毛并被白粉，具黄白色环状斑。圆锥花序扇形，小穗成对着生，具芒，基盘有白至淡黄褐色丝状毛。秋季形成白色大花序。

生长习性：喜光，耐半阴，性强健，抗性强。

园林用途：株形优美，斑纹于叶片中横截，观赏价值较高。成丛种植、片植或盆栽观赏，效果均十分优美。可用于花境、花坛、岩石园、景石、桥头等处；亦可作为假山、水边的背景材料。

适用地区：华北、华中、华东、华南地区。

13. 细叶芒

学名：*Miscanthus sinensis* 'Gracillimus'

科属：禾本科芒属。

形态特征：多年生草本。叶直立、纤细，顶端呈拱形，顶生圆锥花序，花色最初粉红色渐变为红色，秋季转为银白色。花期9～10月份。

生长习性：耐半阴，耐旱，也耐涝。

园林用途：株型适中，造型优美，潇洒飘逸，颇具观赏性。花境、水边、景石旁点缀或郊野公园片植，效果极具自然野趣，非常迷人。

适用地区：华北、华中、华东、华南地区。

14. 皱叶狗尾草

学名： *Setaria plicata* (Lam.) T. Cooke

科属： 禾本科狗尾草属。

形态特征： 多年生草本。高100cm左右，直立或基部倾斜。叶片质薄，椭圆状披针形或线状披针形。花果期6～10月份。

生长习性： 喜阴湿环境。

园林用途： 叶片宽大，株丛丰满，姿态潇洒优美。丛植于景石旁，片植于坡地，应用于花境和花坛，均有较好的景观效果。

适用地区： 华东、华中、西南、华南地区。

15. 菲黄竹

学名：*Pleioblastus viridistriatus* 'Variegatus'

科属：禾本科苦竹属。

形态特征：多年生草本。高可达100cm左右，秆纤细。嫩叶纯黄色，具绿色条纹，老后叶片变为绿色。

生长习性：喜温暖湿润气候，略耐寒，忌烈日，宜半阴，喜肥沃疏松、排水良好的沙质壤土。

园林用途：新叶纯黄色，非常醒目，秆矮小，用于地表绿化或盆栽观赏。作为彩叶地被、色块或作为山石盆景配材来进行应用。

适用地区：华东地区。

16. 菲白竹

学名：*Pleioblastus fortunei* 'Variegatus'

科属：禾本科苦竹属。

形态特征：多年生草本。株高50cm左右，矮小丛生。叶片绿色，间有黄色至淡黄色的纵条纹。

生长习性：喜温暖湿润气候，较耐寒，忌烈日，宜半阴，喜肥沃疏松、排水良好的沙质土壤。

园林用途：植株低矮，叶片秀美，端庄秀丽，是观赏竹类中一种不可多得的品种。常植于庭园作地被、绿篱或与假石相配合，也是盆栽或盆景中配植的好材料。

适用地区：华东地区。

17. 灯心草

学名：*Juncus effusus* Linn.

科属：灯心草科灯心草属。

形态特征：多年生水生草本。地下茎短，匍匐性，秆丛生直立，圆筒形，实心，茎基部具棕色。穗状花序，顶生，在茎上呈假侧生状，基部苞片延伸呈茎状。花果期5～9月份。

生长习性：喜光，喜水湿，不耐旱，喜肥沃土壤。

园林用途：茎丛生，纤细秀雅，飘逸潇洒，清新雅致。适宜布置在水边、湿润地块及道路两侧、花境等处。

适用地区：全国各地。

18. 吉祥草

学名： *Reineckea carnea* (Andrews) Kunth

科属： 百合科吉祥草属。

形态特征： 多年生常绿草本。株高约30cm，地下根茎匍匐，节处生根。叶呈带状披针形，端渐尖。花葶抽于叶丛，花内白色外紫红色，稍有芳香。浆果直径6～10mm，熟时鲜红色。花果期7～11月份。

生长习性： 性喜温暖湿润环境，较耐寒耐阴，对土壤要求不高，适应性强，以排水良好的肥沃壤土为宜。

园林用途： 植株造型优美，叶色翠绿，颇具雅致，是林下耐阴的优良地被观赏植物。适宜在林下成片种植。

适用地区： 东北以外各地。

19. 紫萼

学名：*Hosta ventricosa* (Salisb.) Stearn

科属：百合科玉簪属。

形态特征：多年生草本。根状茎粗。叶卵状心形、卵形至卵圆形。花葶高可达100cm，花单生，白色，盛开时从花被管向上骤然作近漏斗状扩大，紫红色；雄蕊伸出花被之外，完全离生。蒴果圆柱状。花果期6～9月份。

生长习性：喜温暖湿润气候，耐阴，抗寒性强。

园林用途：叶青翠碧绿，花形似喇叭，观叶、观花，是优良的宿根观赏地被植物。主要用于林缘及疏林下成丛或成片种植，效果十分理想。

适用地区：全国各地。

20. 玉簪

学名：*Hosta plantaginea* (Lam.) Aschers.

科属：百合科玉簪属。

形态特征：多年生宿根草本。顶生总状花序，着花9～15朵，花白色，筒状漏斗形，有芳香，花期7～9月份。

生长习性：性强健，耐寒冷，性喜阴湿环境，不耐强烈日光照射，要求土层深厚、排水良好且肥沃的沙质壤土。

园林用途：碧叶莹润，清秀挺拔，花色如玉，幽香四溢，因其花苞质地娇莹如玉，状似头簪而得名。适宜林下、草坡或岩石边丛植或片植。

适用地区：全国各地。

21. 花叶玉簪

学名：*Hosta undulate*

科属：百合科玉簪属。

形态特征：多年生宿根草本。株高20～40cm。叶基生成丛，叶片长卵形，叶缘微波状，浓绿色；叶面中部有乳黄色和白色纵纹及斑块，十分美丽。顶生总状花序，着花5～9朵，花葶出叶，花冠白色。花期7月下旬至8月中旬。

生长习性：喜土层深厚和排水良好的肥沃壤土，以荫蔽处为好。忌阳光直射，光线过强或土壤过干会使叶色变黄甚至叶缘干枯。

园林用途：花叶青翠，玉花幽幽，似雾似纱，俊秀典雅。植于林下可作为观花地被，也可种植在建筑物的背阴处和阳光不足的园林绿地中，开花时清香四溢。

适用地区：全国各地。

22. 麦冬

学名：*Ophiopogon japonicus* (Linn. f.) Ker-Gawl.

科属：百合科沿阶草属。

形态特征：多年生常绿草本。根较粗，是纺锤形的小块根。叶基生成丛，禾叶状，苞片披针形，先端渐尖。种子球形。花期5～8月份，果期8～9月份。

生长习性：喜温暖湿润、光照充足的环境，也稍耐阴。

园林用途：叶碧绿青翠，细小雅致。观叶、观果。适宜林下、溪旁、路边阴湿处等地种植。常成片种植替代草坪，园林用途十分广泛。

适用地区：西南、华南、华东、华北地区。

23. 山麦冬

学名：*Liriope spicata* (Thunb.) Lour.

科属：百合科山麦冬属。

形态特征：多年生常绿草本。根状茎短粗，具细长匍匐茎，有膜质鳞片。须根端或中部膨大呈纺锤形肉质块根。叶线形，丛生，长10～30cm，宽0.4cm左右，主脉不隆起。花淡紫色或白色。浆果球形，蓝黑色。

生长习性：喜半阴湿润、通风良好的环境，常生于沟旁及山坡草丛中，耐寒性强。

园林用途：常绿，叶碧绿青翠，是不错的常绿地被植物。可作为花坛边缘材料和地被植物，适宜在山石旁、庭园或沿路旁栽植。

适用地区：全国各地。

24. 阔叶山麦冬

学名：*Liriope muscari* (Decne.) L. H. Bailey

科属：百合科山麦冬属。

形态特征：多年生常绿草本。植株丛生。叶丛生，革质，花葶通常长于叶，花紫色。种子球形，初期绿色，成熟后变黑紫色。花期6～9月份。

生长习性：喜阴湿温暖，稍耐寒。适宜各种腐殖质丰富的土壤，以沙质壤土最好。

园林用途：常绿耐阴，叶宽碧绿，果蓝色，是很好的林下地被。适宜林下及林缘种植，也可以作为路缘镶边材料。

适用地区：华东、华南、华中地区。

25. 日本矮麦冬（玉龙）

学名： *Ophiopogon japonicus* ‘Kyoto’

科属： 百合科沿阶草属。

形态特征： 多年生常绿草本。高5～10cm，植株矮小。叶丛生,无柄，窄线形，墨绿色。总状花序，夏季开淡蓝色小花。浆果蓝色。花期6～7月份。

生长习性： 喜肥沃、排水良好的土壤；需半阴到阴生环境；耐（抗）旱，在气候较干燥的北方地区也可种植。耐低温，南到广州、北到北京都有种植。水分要求低到中等。生性强健，成活率较高，对土壤的适应性极强，不需要特殊的管理。

园林用途： 植株低矮，叶细小雅致秀丽，是非常好的常绿地被植物。四季常绿，耐阴性强，适宜在树荫下和建筑的背阴处生长，在园林中可配植成观赏草坪，是常绿地被植物中的上好佳品，也可以点缀美化假山岩壁，十分优雅精致。

适用地区： 西南、华南、华东、华北地区。

26. 日本黑叶麦冬（黑龙）

学名：*Ophiopogogon japonicus*(L.f.)Ker-Gawl

科属：百合科沿阶草属。

形态特征：多年生草本，植株矮小，叶丛生，无柄，窄线形，叶片黑绿色，花白紫色，花期5～7月份，浆果蓝色。

生长习性：耐寒，耐旱，喜半阴到阴生环境，喜肥沃、排水良好的土壤。

园林用途：植株呈黑色，叶色具光泽，花白紫色也很美，是优良的观花、观叶地被植物。叶色奇特，是少有的黑色，可用于花境配色及庭园布置。

适用地区：华东、华南、西南地区。

27. 萱草

学名：*Hemerocallis fulva* (Linn.) Linn.

科属：百合科萱草属。

形态特征：多年生草本。叶基生成丛，条状披针形。圆锥花序顶生，有花6～12朵，橘黄色或橘红色大花，花葶长于叶，高达1m以上。花期6～8月份。

生长习性：性强健，耐寒，适应性强，喜湿润也耐旱，喜阳光又耐半阴。对土壤选择性不强，但以富含腐殖质、排水良好的湿润土壤为好。

园林用途：植株成丛，叶披针形柔软碧绿，花大，鲜艳似喇叭，观赏效果较好。多丛植、片植于花境、路旁等处，也可作为疏林地被植物。

适用地区：全国各地。

28. ‘金娃娃’萱草

学名：*Hemerocallis* ‘Stella de Oro’

科属：百合科萱草属。

形态特征：多年生草本。株高30cm。叶基生，条形，排成两列，长约25cm，宽1cm。花葶粗壮，高约35cm。螺旋状聚伞花序，花7～10朵。花冠漏斗形，花径7～8cm，金黄色。花期5～11月份，单花开放5～7天。

生长习性：喜光，耐干旱、湿润与半阴，对土壤适应性强，但以土壤深厚、富含腐殖质、排水良好的肥沃沙质壤土为好。病虫害少，在中性、偏碱性土壤中均能生长良好。性耐寒，地下根茎能耐-20℃的低温。

园林用途：早春叶片萌发早，株丛低矮，花期长，花量大，观赏价值较高。适宜在公园、广场、道路等地的绿地片植或丛植点缀，应用十分广泛。

适用地区：全国各地。

29. 北黄花菜

学名：*Hemerocallis lilioasphodelus* L.

科属：百合科萱草属。

形态特征：多年生草本。花葶长于或稍短于叶，花序常为假二歧状的总状花序或圆锥花序，具4至多朵花，花被淡黄色。花果期6～9月份。

生长习性：耐寒性强，喜光，又耐半阴，对土壤要求不严，但以腐殖质含量高、排水良好的通透性土壤为好。

园林用途：植株俏丽，花色淡黄，淡雅素洁。适宜用来布置各式花境、花坛、疏林草坡等。

适用地区：全国各地。

30. 柔软丝兰

学名： *Yucca filamentosa* Linn.

科属： 百合科丝兰属。

形态特征： 多年生常绿草本。茎短。叶基部簇生，呈螺旋状排列，叶片坚质，长40～60cm，宽2～3cm，顶端具尖刺，浓绿色而被少量白粉，叶缘光滑，老叶具少数丝状物。圆锥花序，花杯形、下垂、白色、外缘绿白色略带红晕。花期7～10月份。

生长习性： 性喜阳光充足及通风良好的环境，又极耐寒冷。性强健，根系发达，生命力强，对土壤适应性很强，容易成活。抗旱能力特强。任何土质均能生长良好，在排水良好、肥沃的沙质土壤中栽培最好。

园林用途： 叶缘在春夏季呈金黄色。适宜植于花坛中心或围以花坛边缘，也可以作为屋顶绿化材料。可孤植、群植、片植，还可盆栽观赏。

适用地区： 全国各地。

31. 火炬花

学名：*Kniphofia hybrida* Gumbl.

科属：百合科火把莲属。

形态特征：多年生草本，株高80～120cm，茎直立。叶丛生、草质、剑形。总状花序着生数百朵筒状小花，呈火炬形，花冠橘红色或黄色。蒴果黄褐色。花期6～10月份，果期9月份。

生长习性：喜温暖与阳光充足环境，对土壤要求不严，但以腐殖质丰富、排水良好的壤土为好，忌雨涝积水。

园林用途：花形、花色犹如燃烧的火把，点缀于翠叶丛中，具有独特的园林风韵，观赏价值很高。适宜用于公园、路旁、街头、驳岸边坡等处，成片种植；也可以在庭院、花境中作背景栽植或作点缀丛植。

适用地区：全国各地。

32. 大花葱

学名：*Allium giganteum* Regel

科属：百合科葱属。

形态特征：多年生球根草本花卉。叶近基生，叶片倒披针形，长达60cm，宽10cm，灰绿色。花葶自叶丛中抽出，高1m以上，头状花序硕大，直径可达15cm以上，由2000～3000朵小花组成，小花紫色，直径约1cm。种子球形，坚硬，黑色。花期5～6月份。

生长习性：性喜凉爽、阳光充足的环境，忌湿热多雨，忌连作，耐半阴，适温15～25℃。要求疏松肥沃的沙质壤土，忌积水。

园林用途：大花葱叶片灰绿，花茎健壮挺拔，花色鲜艳，球形花序丰满别致，观赏效果很好。是花境、岩石园或草坪旁装饰和美化的佳品，也可以片植为花海，效果绝佳。

适用地区：全国各地。

33. 宽叶韭

学名：*Allium hookeri* Thwaites

科属：百合科葱属。

形态特征：多年生草本。高20～60cm，根肉质，粗壮，鳞茎圆柱形，外皮膜质。伞形花序近球形，花多而密集，花梗纤细近等长，花白色，星芒状展开。花果期8～9月份。

生长习性：性喜冷凉，忌高温多湿，生长适温15～20℃。土质以排水良好、肥沃、富含有机质的沙质壤土最佳，土壤保持湿润生长较旺盛。

园林用途：叶碧绿，花球形，观赏价值较高。常作花境应用，也用于疏林下作为地被栽植。

适用地区：长江中上游地区。

34. 花葱

学名：*Allium schoenoprasum*

科属：百合科葱属。

形态特征：多年生草本。叶光滑，管状，细长中空，略比花葶短，花葶圆柱状，伞形花序近球状，具多而密集的花，花紫红色至淡红色，花果期7～9月份。

生长习性：再生能力强，喜光，喜凉爽，适应性强，对土壤要求不严。

园林用途：具葱香味，花紫色，呈丛状，非常可爱，是优良的庭园香草品种。适宜于香草花园及花境、小景观布置。

适用地区：华北、华东、华中、西南地区。

35. 蜘蛛抱蛋

学名：*Aspidistra elatior* Bl.

科属：百合科蜘蛛抱蛋属。

形态特征：多年生常绿宿根草本。根状茎近圆柱形，具节和鳞片。叶单生，披针形至近椭圆形，先端渐尖，基部楔形。因两面绿色浆果的外形似蜘蛛卵，露出土面的地下根茎似蜘蛛，故名“蜘蛛抱蛋”。

生长习性：性喜温暖、湿润的半阴环境。耐阴性极强，比较耐寒，不耐盐碱，不耐瘠薄、干旱，怕烈日暴晒。适宜生长在疏松、肥沃和排水良好的沙壤土上。

园林用途：叶形挺拔整齐，叶色浓绿光亮，姿态优美、淡雅，观赏价值高。常作花境应用，是优良的喜阴观叶植物，适于林下种植。

适用地区：华东、华南、西南地区。

36. 万年青

学名：*Rohdea japonica*

科属：百合科万年青属。

形态特征：多年生宿根。常绿，根状茎粗。叶3～6枚。花葶短于叶，穗状花序长3～4cm，具几十朵密集的花，苞片卵形，膜质，短于花，淡黄色。浆果熟时红色。花期5～6月份，果期9～11月份。

生长习性：喜高温、高湿、半阴或荫蔽环境。不耐寒，忌强光直射，要求疏松、肥沃、排水良好的沙质壤土。

园林用途：叶片宽大苍绿，浆果殷红圆润，非常美丽，是优良的观叶、观果地被植物。适宜在林缘、林下作为地被植物。终年翠绿常青，秋冬配红果更添色彩。

适用地区：华东、华中、西南地区。

37. 多花黄精

学名：*Polygonatum cyrtonema* Hua

科属：百合科黄精属。

形态特征：多年生草本。茎高50～90cm。叶互生，卵形或卵状披针形。花序通常具2～4朵花，花白色。花期4～5月份。

生长习性：生于林下、灌木丛或山坡阴处。

园林用途：早春时节，植株破土而出，吐新纳绿；春末夏初，白色花朵形似串串风铃，悬挂于叶腋间，在风中摇曳，甚是好看。其花期可长达20天。作为地被植物种植于疏林草地、林下溪旁及建筑物阴面的绿地花坛、花境、花台及草坪周围来美化环境，比较适宜。

适用地区：华中、华东、华南地区。

38. 紫娇花

学名：*Tulbaghia violacea* Harv.

科属：百合科紫娇花属。

形态特征：多年生球根。叶多为半圆柱形，中央稍空。花茎直立，高30～60cm，伞形花序球形，具多数花，径2～5cm，花粉红色。花期5～7月份。

生长习性：喜光，喜高温，耐热。对土壤要求不严，耐贫瘠。但在肥沃而排水良好的沙壤土中开花旺盛。

园林用途：叶丛翠绿，花朵俏丽，花期长，是夏季难得的花卉，观赏价值很高。适宜作花境中景，或作为地被植物植于林缘或草坪中。园林中通常成片种植。

适用地区：华东地区。

39. 姜花

学名：*Hedychium coronarium* Koen.

科属：姜科姜花属。

形态特征：多年生草本。高1～2m。叶互生，叶片长狭。穗状花序顶生，花白色。花期6月份。

生长习性：喜高温、高湿和稍阴的环境，在微酸性的肥沃沙质壤土中生长良好，不耐寒。

园林用途：花美丽，白色，芳香，开花期间似一群美丽的蝴蝶，翩翩起舞，争芳夺艳，无花时则郁郁葱葱，绿意盎然。花境材料，园林中常成片种植，或条植、丛植于路边、庭院、溪边、假山间等处。

适用地区：华东、华南地区。

40. 美人蕉

学名：*Canna indica* L.

科属：美人蕉科美人蕉属。

形态特征：多年生草本。高可达1.5m，全株绿色无毛，被蜡质白粉。叶片卵状长圆形。总状花序，花单生或对生，花冠大多红色、黄色和杂色。花果期4～10月份。

生长习性：喜温暖，喜光，不耐寒。对土壤要求不严，在疏松肥沃、排水良好的沙质壤土中生长最佳。

园林用途：花大色艳，色彩丰富，株形好，栽培容易。观赏价值很高。常用于花境、花坛和水边种植，适于各种类型绿地。

适用地区：全国各地。

41. 金脉美人蕉

学名：*Canna* × *generalis* 'Striata'

科属：美人蕉科美人蕉属。

形态特征：多年生宿根草本。株高100cm左右。叶宽椭圆形，互生，有明显的中脉和羽状侧脉，镶嵌着土黄、奶黄、绿黄诸色。顶生总状花序，花10朵左右，红色。花期7～10月份。

生长习性：性喜高温、高湿、阳光充足的气候条件，喜深厚肥沃的酸性土壤，可耐半阴，喜肥，忌干旱，畏寒冷，生长适温23～30℃。

园林用途：叶面黄绿相间，叶色俏丽，观叶、观花。适宜栽植于花境、花坛、街道花池、庭院等公共场所，亦可作盆栽观赏。

适用地区：全国各地。

42. 鸢尾

学名：*Iris tectorum* Maxim.

科属：鸢尾科鸢尾属。

形态特征：多年生草本。根状茎粗壮。叶基生，黄绿色，花蓝紫色，直径约10cm。花期4 ～ 5月份，果期6 ～ 8月份。

生长习性：喜阳光充足、气候凉爽的环境，耐寒性强，亦耐半阴环境。

园林用途：叶片碧绿青翠，花形大而奇，宛若翩翩彩蝶。是花境、花坛及庭院绿化的良好材料，常用作地被植物。

适用地区：全国各地。

43. 蝴蝶花

学名：*Iris japonica* Thunb.

科属：鸢尾科鸢尾属。

形态特征：多年生草本。叶基生，暗绿色，有光泽。花茎直立，花淡蓝色或蓝紫色。花期3～4月份，果期5～6月份。

生长习性：喜光，也较耐阴，在半阴环境下可正常生长。喜温凉气候，耐寒性强。

园林用途：叶色优美，花色淡蓝，花姿潇洒飘逸。适宜林下种植及用于花群、花丛以及花境。

适用地区：西南、华中、华东地区。

44. 雄黄兰

学名：*Crocosmia* × *crocosmiiflora* (Lemoine) N.E.Br.

科属：鸢尾科雄黄兰属。

形态特征：多年生草本。有球茎和匍匐茎，地上茎高约50㎝。花多数排列成复圆锥花序，花漏斗形，橙红色，园艺品种有红、橙、黄三色。花期5～7月份。

生长习性：喜充足阳光，耐寒。适宜生长于排水良好、疏松肥沃的沙壤土。

园林用途：花有红、橙、黄3种花色，又抗酷暑，仲夏季节，花开不绝，观赏价值极高，是布置花境、花坛的好材料。也宜成片栽植于街道绿岛、建筑物前、草坪上、湖畔等处，还可作切花之用。

适用地区：全国各地。

45. 德国鸢尾

学名：*Iris germanica* Linn.

科属：鸢尾科鸢尾属。

形态特征：多年生草本。根状茎粗壮而肥厚，常分枝，扁圆形。叶直立或略弯曲，淡绿色、灰绿色或深绿色，常具白粉，剑形。花茎光滑，高60～100cm，花大鲜艳，直径可达12cm，花色因栽培品种而异，多为淡紫色、蓝紫色、深紫色或白色。花期4～5月份，果期6～8月份。

生长习性：喜阳，耐寒，耐旱，喜干燥，怕积水。要求土质疏松的沙壤土为好。

园林用途：叶碧绿青翠，花大，色彩丰富、花形奇特而受人们喜爱，观赏价值很高。适宜花坛、花境种植，可片植和丛植。

适用地区：全国各地。

46. 射干

学名： *Belamcanda chinensis* (Linn.) DC.

科属： 鸢尾科射干属。

形态特征： 多年生草本。茎直立，茎高1～1.5m，实心。花序顶生，叉状分枝，每分枝的顶端聚生有数朵花，花橙红色。花期6～8月份，果期7～9月份。

生长习性： 喜温暖和阳光，耐干旱和寒冷，对土壤要求不严，山坡旱地均能栽培，以肥沃疏松、地势较高、排水良好的沙质壤土为好。

园林用途： 花形飘逸奇特，花色艳丽。花境、花坛材料，亦可在林缘及路缘护坡等处种植。

适用地区： 全国各地。

47. 马蔺

学名： *Iris lactea* Pall.

科属： 鸢尾科鸢尾属。

形态特征： 多年生草本。叶基生，宽线形，高度可达60cm左右。花为浅蓝色、蓝色或蓝紫色，花被上有较深色的条纹。花期5～6月份，果期6～9月份。

生长习性： 喜阳光，稍耐阴，耐高温，耐旱，耐涝，耐盐碱，是一种适应性极强的地被花卉。

园林用途： 色泽青绿，花淡雅美丽，花密清香，花期长达50天。是花境、护坡的好材料。耐盐碱、耐践踏，根系发达，可用于水土保持和改良盐碱土。

适用地区： 全国各地。

48. 玉蝉花

学名：*Iris ensata* Thunb.

科属：鸢尾科鸢尾属。

形态特征：多年生草本。叶条形，两面中脉明显。花茎圆柱形，实心，花深紫色。花期6～7月份，果期8～9月份。

生长习性：性喜温暖湿润，强健，耐寒性强，露地栽培时，地上茎叶不完全枯死。对土壤要求不严，土质疏松、肥沃生长良好。

园林用途：花姿绰约，花色典雅，花朵硕大，色彩艳丽，园艺品种多，花形和花色变化很大，观赏价值较高。花境材料，适合布置水生鸢尾专类园，或在池旁、湖畔点缀，也是切花的好材料。

适用地区：东北、华北、华东地区。

49. 花叶玉蝉花

学名：*Iris ensata* Variegata

科属：鸢尾科鸢尾属。

形态特征：多年生草本。根状茎粗壮，叶条形，叶片上有白色条纹，花茎圆柱形，花深紫色，花期6～7月份，果期8～9月份。

生长习性：喜温暖湿润，性强健，耐寒性强，喜水湿，露地栽培时，地上茎叶不完全枯死。对土壤要求不严。

园林用途：叶形优美，绿白相间，花色艳丽，是优良的水生观叶观花植物。适合布置水生鸢尾专类园，或在池旁、湖畔点缀，也是很好的花境和切花材料。

适用地区：东北、华北、华东地区。

50. 花菖蒲

学名： *Iris ensata* var. *hortensis* Makino et Nemoto

科属： 鸢尾科鸢尾属。

形态特征： 多年生草本。叶基生，线形，叶中脉凸起。花大，直径可达15cm。花色丰富。花期6～7月份，果期8～9月份。

生长习性： 耐寒，喜水湿，春季萌发较早。在肥沃、湿润土壤条件下生长良好，自然状态下多生于沼泽地或河岸水湿地。

园林用途： 花大而美丽，色彩斑斓，叶片青翠似剑，观赏价值极高。常用于布置花境、花坛，可栽植于浅水区、河浜池旁，也可用于布置专类园或植于林荫树下作为地被植物，是广受欢迎的花卉植物之一。

适用地区： 全国各地。

51. 黄菖蒲

学名：*Iris pseudacorus* Linn.

科属：鸢尾科鸢尾属。

形态特征：多年生湿生或挺水宿根草本。植株高大，根茎短粗。叶茂密，基生，绿色，长剑形，长60～100cm。花茎稍高出于叶，花径8cm，黄色。花期5～6月份。

生长习性：喜湿润且排水良好、富含腐殖质的沙质壤土或轻黏土，有一定的耐盐碱能力，在轻度盐碱土中能正常生长。喜光，也较耐阴。喜温凉气候，耐寒性强。

园林用途：花色黄艳，花姿秀美，观赏价值极高。花境材料，适宜水岸边或湿地种植，也可花坛、景观石旁等种植。无论配置在湖畔，还是在池边，其展示的水景景观，都颇具诗情画意。

适用地区：全国各地。

52. 唐菖蒲

学名： *Gladiolus* × *gandavensis* Van Houtte

科属： 鸢尾科唐菖蒲属。

形态特征： 多年生草本。叶基生或在花茎基部互生，剑形。花茎直立，高50～80cm，花色白、粉、玫瑰红等色。花期7～9月份，果期8～10月份。

生长习性： 喜温暖的生长环境，但气温过高对生长不利，不耐寒，生长适温为20～25℃，喜疏松肥沃壤土。

园林用途： 花色丰富，红色雍容华贵，粉色娇娆剔透，白色娟娟素女，紫色烂漫妩媚，黄色高洁优雅，橙色婉丽资艳，蓝色端庄明朗。常用于布置花境及专类花坛。

适用地区： 全国各地。

53. 水鬼蕉

学名：*Hymenocallis littoralis* (Jacq.) Salisb.

科属：石蒜科水鬼蕉属。

形态特征：多年生鳞茎草本。叶基生。花葶硬而扁平，实心，伞形花序，3～8朵小花着生于茎顶，花径可达20cm，花白色，有香气。花期夏秋。

生长习性：喜温暖湿润，不耐寒。喜光，喜肥沃的土壤。

园林用途：叶姿健美，花色奇特，花色素洁高雅。花境、花坛用材，也可以片植观赏。

适用地区：长江流域及以南地区。

54. 早花百子莲

学名：*Agapanthus praecox* Willd.

科属：石蒜科百子莲属。

形态特征：多年生宿根草本。叶线状披针形。花茎直立，高可达60cm，伞形花序，有花10～50朵，花漏斗状，深蓝色或白色。花期7～8月份。

生长习性：喜温暖、湿润和阳光充足环境。要求夏季凉爽、冬季温暖。土壤要求疏松、肥沃的沙质壤土，切忌积水。

园林用途：叶色浓绿，光亮。花蓝紫色，也有白色、紫色、大花和斑叶等品种。其花型优雅，花色迷人，是很受欢迎的盆花及庭园美化品种，观赏价值极高。适宜花境、花坛及林缘片植应用。

适用地区：长江流域及以南地区。

55. 石蒜（红花石蒜）

学名：*Lycoris radiata* (L'Hér.) Herb.

科属：石蒜科石蒜属。

形态特征：多年生球根草本。鳞茎近球形，直径1～3cm。秋季出叶，叶狭带状，长约15cm。花茎高约30cm；伞形花序有花4～7朵，花鲜红色。花期8～9月份，果期10月份。

生长习性：耐寒性强，喜阴，喜湿，也耐干旱；以疏松、肥沃的腐殖质土壤栽培最好。夏季休眠。

园林用途：冬季叶色翠绿，秋季花色火红如红毯。是优良耐阴的球根草本花卉。常花境丛植或山石间自然式栽植。也作背阴处绿化，或应用于林下作为地被花卉。

适用地区：全国各地。

56. 长筒石蒜

学名：*Lycoris longituba* Y. Hsu et Q. J. Fan

科属：石蒜科石蒜属。

形态特征：多年生球根草本。叶细带状，先端钝，中间有粉绿色带。花葶刚劲直立，花5～7朵呈顶生伞形花序，漏斗形，白色。8月份叶前抽生花葶，9月份开花。

生长习性：耐寒性强，喜半阴，也耐暴晒，喜湿润，也耐干旱。各类土壤均能生长，以疏松、肥沃的腐殖质土最好。

园林用途：花大、洁白，素颜美丽，观赏价值很高。常花境丛植或山石间自然式栽植。适宜作林下耐阴地被，片植或成丛种植均能有良好的效果。

适用地区：全国各地。

57. 乳白石蒜

学名：*Lycoris* × *albiflora* Koidz.

科属：石蒜科石蒜属。

形态特征：多年生球根草本。秋季出叶。花茎高30～50cm，伞形花序有花5～7朵，花乳白色，直径约5cm。花期7～8月份。

生长习性：喜生长在阴湿的环境下，如阴湿山坡、岩石及石崖下，但也能耐半阴和干旱环境，稍耐寒，生命力颇强，对土壤无严格要求，如土壤肥沃且排水良好，则花朵格外繁盛。

园林用途：花葶健壮，花茎长，花形奇特，观赏价值高。常花境丛植或山石间自然式栽植。在园林中，可作为林下地被花卉。

适用地区：全国各地。

58. 忽地笑

学名：*Lycoris aurea* (L'Hér.) Herb.

科属：石蒜科石蒜属。

形态特征：多年生球根草本。鳞茎卵形，直径约5cm。秋季出叶，叶剑形。伞形花序有花4～8朵，黄色，花被裂片强反卷和皱缩，花柱上部玫瑰红色。花期8～9月份。

生长习性：喜阳光、潮湿环境，如阴湿山坡、岩石及石崖下，但也能耐半阴和干旱环境，稍耐寒，生命力强，对土壤无严格要求。

园林用途：花色明黄色，花形奇特，花叶不同放，奇特瑰丽。常花境丛植或山石间自然式栽植。园林中可作为林下地被花卉。

适用地区：全国各地。

59. 换锦花

学名：*Lycoris sprengeri* Comes ex Baker

科属：石蒜科石蒜属。

形态特征：多年生球根草本。鳞茎卵形，早春出叶，叶带状。花茎高约60cm，伞形花序，有花4～6朵，淡紫红色。雄蕊与花被近等长。花期8～9月份。

生长习性：喜生长在阳光充足、潮湿的环境下，如阴湿山坡、岩石及石崖下。稍耐寒，生命力颇强，对土壤无严格要求。

园林用途：花淡紫红色，雅致秀丽，观赏价值极高。常花境丛植或山石间自然式栽植，在园林中可作为林下地被花卉。

适用地区：全国各地。

60. 雪片莲

学名：*Leucojum vernum* Linn.

科属：石蒜科雪片莲属。

形态特征：多年生球根草本，株高20～30cm，具鳞茎，小。基生叶与花茎同时抽出，叶深绿，长剑形，花茎细长，顶端白色花冠下垂，呈灯罩形，花瓣尖端带有绿色斑纹。花期3～4月份。

生长习性：喜凉爽、湿润和半阴环境，耐严寒，忌强光暴晒和干旱。

园林用途：株型矮小，花朵形似铃铛，洁白玲珑，顶端镶嵌绿色斑点，非常可爱，是优良的早春观花植物。适宜于庭园、小花境种植，也可室内盆栽观赏。

适用地区：全国各地。

61. 韭莲

学名： *Zephyranthes carinata* Herb.

科属： 石蒜科葱莲属。

形态特征： 多年生草本。鳞茎卵形。叶2～4枚，绿色，稍肉质，线形，长15～65cm，宽7～10mm，花茎通常短于叶，花单朵顶生，花色粉红。花期9～10月份。

生长习性： 喜温暖、湿润、阳光充足，亦耐半阴，也耐干旱，耐高温。宜排水良好、富含腐殖质的沙质壤土。

园林用途： 株丛低矮，花色娇艳美丽。可用于花境、花坛和岩石旁，丛植和片植均可。亦可用作镶边材料。

适用地区： 华东、华南、西南地区。

62. 朱顶红

学名：*Hippeastrum rutilum* (Ker-Gawl.) Herb.

科属：石蒜科朱顶红属。

形态特征：多年生草本。鳞茎近球形，叶6～8枚，花后抽出，花被裂片长圆形，洋红色，略带绿色，喉部有小鳞片。花期夏季。

生长习性：性喜温暖、湿润气候，生长适温为18～25℃，不喜酷热，阳光不宜过于强烈，怕水涝。冬季休眠期，要求冷湿的气候，以10～12℃为宜，不得低于5℃。喜富含腐殖质、排水良好的沙质壤土。

园林用途：花大色艳，花色丰富，观赏价值很高。花境材料，常庭院栽培，或配植花坛。

适用地区：华东、华南、西南地区。

63. 黄水仙

学名：*Narcissus pseudonarcissus* Linn.

科属：石蒜科水仙属。

形态特征：多年生球根。鳞茎球形，直径5cm左右。叶4～6枚，直立向上，宽线形。花茎高约30cm，顶端生花1朵，淡黄色或金黄色。花期3～5月份。

生长习性：喜冷凉湿润的气候，忌高温多湿。不择土壤。

园林用途：花形奇特，花色纯净，叶色青绿，姿态潇洒，观赏价值较高。花境材料，适合丛植于草坪中，镶嵌在假山石缝中、水边岸坡，或片植在疏林下、花坛边缘。

适用地区：全国各地。

64. 白及

学名：*Bletilla striata* (Thunb. ex A. Murray) Rchb. f.

科属：兰科白及属。

形态特征：多年生草本。植株高50cm左右。叶4～6枚，狭长圆形或披针形。花序具3～10朵，花大，紫红色或粉红色。花期4～5月份，果期7～9月份。

生长习性：喜温暖、阴湿的环境。稍耐寒，长江中下游地区能露地栽培。耐阴性强，忌强光直射。喜排水良好、富含腐殖质的沙壤土。

园林用途：植株小巧清秀，花色紫红，艳丽脱俗，观赏价值很高。花境材料，多用于布置花坛，可丛植于疏林下或林缘隙地，宜在山石旁丛植和室内盆栽观赏，亦可点缀于较为荫蔽的花台、花境或庭院一角。

适用地区：长江流域。

65. 无毛紫露草

学名：*Tradescantia virginiana* L.

科属：鸭跖草科紫露草属。

形态特征：多年生宿根草本。株高30～35cm，通常簇生。叶片线形或线状披针形。花深蓝色。花期4～10月份。

生长习性：性喜凉爽、湿润气候，耐旱，耐寒，耐瘠薄，忌涝，喜阳光，在荫蔽地易徒长而倒伏。在中性、偏碱性土壤条件下生长良好。

园林用途：花色鲜艳，花期特长，花形奇特。花境材料，多用作布置花坛，城市花园广场、公园、道路、湖边、塘边、山坡、林间成片或成条栽植。

适用地区：全国各地。

66. 杜若

学名： *Pollia japonica* Thunb.

科属： 鸭跖草科杜若属。

形态特征： 多年生草本，植株直立生长。高50 ～ 90cm，有细长横走根茎。叶常聚集于茎顶，顶端渐尖，基部渐狭，暗绿色，背有细毛，无柄或基部渐狭而成带翅的叶柄。顶生圆锥花序，有长总梗，梗有白色细毛。花白色。果圆球形，成熟时暗蓝色。花期6 ～ 7月份，果期8 ～ 10月份。

生长习性： 喜阴湿，土壤疏松长势尤好。

园林用途： 叶碧绿，宽大。花洁白如云，娇柔飘美。花境材料，极耐阴湿，十分适宜用作林下地被植物。

适用地区： 长江流域以南地区。

67. 三白草

学名： *Saururus chinensis* (Lour.) Baill.

科属： 三白草科三白草属。

形态特征： 多年生草本。高达1m以上。茎粗壮，有纵长粗棱和沟槽，下部伏地，上部直立，绿色。叶纸质，花序下面叶片白色。花期4～6月份。

生长习性： 喜阳光和水湿，耐半阴。多生于低湿沟边、塘边或溪旁。

园林用途： 三白草顶叶白色，春季观赏效果较好。花境材料，喜湿植物，园林中作为湿地和近水环境下的观赏植物进行应用，常成丛、成片种植于驳岸边侧，既可以观赏，又能够净化水质。

适用地区： 长江流域及以南地区。

68. 蕺菜（鱼腥草）

学名：*Houttuynia cordata* Thunb.

科属：三白草科蕺菜属。

形态特征：多年生草本。叶片心形，托叶下部与叶柄合生成鞘状。穗状花序在顶与叶互生。花小，两性，总苞片白色。蒴果卵圆形。花果期5～10月份。

生长习性：喜阴湿，怕强光，喜温暖潮湿环境，较耐寒，-15℃可越冬，忌干旱，以肥沃的沙质壤土或腐殖质壤土生长最好。

园林用途：植株叶茂花繁，生性强健，是较好的耐阴地被植物。花境材料，地面覆盖性好，群体效果极佳。适宜点缀池塘边、庭院假山阴湿处；带状丛植于溪沟旁，或群植于潮湿的疏林下。

适用地区：陕西、甘肃及长江流域以南地区。

69. 紫茉莉

学名：*Mirabilis jalapa* Linn.

科属：紫茉莉科紫茉莉属。

形态特征：多年生宿根草本。高可达1m。茎直立，圆柱形，节稍膨大。叶片卵形或卵状三角形，全缘。花常数朵簇生于枝端，总苞钟形，花被紫红色、黄色、白色或杂色，高脚碟状，花午后开放，有香气，次日午前凋萎。花期6～10月份，果期8～11月份。

生长习性：喜温暖湿润，耐半阴，稍耐寒，不择土壤。

园林用途：花色丰富，花期长，观赏效果好。布置花境、花坛或片植于林缘、路边或构筑物四周，都能达到良好的观赏效果。

适用地区：全国各地。

70. 千叶兰

学名： *Muehlenbeckia complexa* Meisn.

科属： 蓼科千叶兰属。

形态特征： 多年生常绿藤本。植株匍匐丛生或呈悬垂状生长，细长的茎红褐色。小叶互生，叶片心形或圆形。花期秋季。

生长习性： 喜温暖湿润的气候，不耐寒，喜欢透气透水肥沃的土壤。

园林用途： 株形饱满，枝叶婆娑，具有较高的观赏价值。花境材料，适宜用作林缘、疏林下的地被植物。也适合作吊盆栽种或放在高处的几架、柜子顶上，茎叶自然下垂，覆盖整个花盆，犹如一个绿球，非常好看。

适用地区： 长江流域以南地区。

71. 赤胫散

学名：*Polygonum runcinatum* var. *sinense* Hemsl.

科属：蓼科蓼属。

形态特征：多年生草本。株高50cm，丛生，春季幼株枝条、叶柄及叶中脉均为紫红色，夏季成熟叶片绿色，中央有锈红色晕斑。叶互生，卵状三角形。头状花序，常数个生于茎顶，上面开粉红色或白色小花。花期7～8月份。

生长习性：喜阴湿，耐寒，耐半阴，忌暴晒。对土壤要求不严。

园林用途：春季萌发时，叶和叶脉为暗紫色，上有白色斑纹，令人赏心悦目。花境材料，茎、叶色独特，抗逆性强。常用作大面积种植绿化，或片植于林缘、路边、疏林下。

适用地区：西南、华东、华中地区。

72. 红脉酸模

学名：*Rumex sanguineus* L.

科属：蓼科酸模属。

形态特征：多年生草本。茎直立，高60～120cm。基生叶长圆状卵形或长卵形，叶脉红色，叶柄红色，长2～10cm，甚至更长。花序圆锥状，花两性，密集成轮。花期5～6月份，果期6～7月份。

生长习性：喜阳亦耐阴，较耐寒，耐水湿，喜肥沃及排水良好的土壤。

园林用途：叶片硕大，叶脉红色，和叶片本身绿色对比强烈。适宜布置花境边缘，亦可盆栽观赏。

适用地区：华北、华东地区。

73. 肥皂草

学名：*Saponaria officinalis* Linn.

科属：石竹科肥皂草属。

形态特征：多年生草本。高30～70cm，主根肥厚，肉质，茎直立。叶片椭圆形或椭圆状披针形。顶生聚伞花序，花色粉红和白色。花期5～7月份。

生长习性：喜光耐半阴，耐寒，耐修剪，在干燥地及湿地上均可正常生长，对土壤要求不严。

园林用途：株形优美，叶色（或花色）亮丽，尤其是夏、秋季开花，先是白花，后转成粉红色，花形优美，香味浓郁。适宜花境、花坛、岩石园布置栽植。

适用地区：华北、华中、华东地区。

74. 常夏石竹

学名：*Dianthus plumarius* L.

科属：石竹科石竹属。

形态特征：多年生宿根草本。高10～30cm，茎蔓状簇生，光滑而被白粉。叶厚，灰绿色，长线形。花2～3朵，顶生于枝端，有紫、粉红、白色等，具芳香。花期5～10月份。

生长习性：喜温暖和充足的阳光，不耐寒。要求土壤深厚、肥沃。在中性、偏碱性土壤中均能生长良好。

园林用途：常绿，叶形优美，花色艳丽，具芳香，花期长。常用于花境和岩石园，丛植和片植俱佳。点缀城市中的大型绿地、广场、公园、街头等。

适用地区：全国各地。

75. 剪春罗（剪夏罗）

学名：*Lychnis coronata* Thunb.

科属：石竹科剪秋罗属。

形态特征：多年生草本。高50～80cm，茎直立，丛生，节略膨大。单叶对生，叶片卵状椭圆形。聚伞花序，花橙红色。花期5～6月份，果期9～10月份。

生长习性：喜湿润，耐寒。在荫蔽环境和疏松、排水良好的土壤中生长良好。

园林用途：夏季开花，花橙红优雅，是优良的观赏地被植物。常用于花境、花坛、岩石园布置，也可片植于林缘或疏林下。

适用地区：全国各地。

76. 欧耧斗菜

学名： *Aquilegia vulgaris* L.

科属： 毛茛科耧斗菜属。

形态特征： 多年生草本植物。根肥大，圆柱形，根出叶。叶表面有光泽，背面有茸毛。花色有红、白、淡黄、蓝紫等，十分鲜艳夺目。花期4～6月份。

生长习性： 性喜凉爽气候，忌夏季高温曝晒，性强健而耐寒。喜富含腐殖质、湿润而排水良好的沙质壤土。

园林用途： 花姿娇小玲珑，美丽独特，花色明快，叶奇花美，观赏价值高。常布置花境、花坛、岩石园。适宜成片植于林缘或疏林下及草坪上。

适用地区： 全国各地。

77. 杂种铁筷子

学名：*Helleborus* × *hybridus* H.Vilm.

科属：毛茛科铁筷子属。

形态特征：多年生常绿草本。茎高30～50cm，无毛，上部分枝，基部有2～3个鞘状叶。苞片色彩丰富，花小。花期3～5月份。

生长习性：耐寒，喜半阴潮湿环境，忌干冷。肥沃深厚土壤中生长良好，在全光照下能提早开花。

园林用途：株型低矮，叶色墨绿，苞片及叶均奇特。花境和花坛材料。孤植、对植、丛植、群植均可。

适用地区：全国各地。

78. 华东唐松草

学名：*Thalictrum fortune*

科属：毛茛科唐松草属。

形态特征：多年生草本。茎高20～60cm。基生叶有长柄，为二至三回三出复叶。复单歧聚伞花序圆锥状，花梗丝形，萼片4枚，花色蓝紫、粉红至白色或淡堇色。花期3～5月份。

生长习性：喜温暖湿润气候，也耐干旱，适于草地、林缘生长。

园林用途：枝叶婆娑，花形奇特，小巧雅致。花境材料，适于岩石园、药草园等处栽培，丛植和片植尤佳。

适用地区：华东地区。

79. 唐松草

学名： *Thalictrum petaloideum* Linn.

科属： 毛茛科唐松草属。

形态特征： 多年生草本。茎高20～80cm。基生叶数个，有短或稍长柄，为三至四回三出羽状复叶，叶片长5～15cm。伞房花序，萼片4枚，白色。花期3～5月份。

生长习性： 生于疏林下、草地旁。喜半阴，不择土壤。

园林用途： 枝叶舒展，体表似覆白霜，细腻雅致。花小繁密，花丝下垂披散，潇洒飘逸。花境材料，多用于药草园和岩石园布置，也适宜野生花卉园或自然风景园丛植点缀，亦可盆栽观赏。

适用地区： 全国各地。

80. 鹅掌草（林荫银莲花）

学名：*Anemone flaccida* Fr. Schmidt

科属：毛茛科银莲花属。

形态特征：多年生草本。植株高15～40cm。叶片薄草质，五角形，基部深心形，三全裂，萼片5枚，白色或粉红色。花期3～5月份。

生长习性：喜凉爽、湿润、阳光充足的环境，较耐寒，忌高温多湿。喜湿润、排水良好的肥沃壤土。

园林用途：叶形雅致，叶色青翠，花姿柔美，花色白或粉红，玲珑可爱。可用于花境、花坛布置，也宜成片栽植于疏林下、草坪边缘。

适用地区：西南、华东、华中地区。

81. 芍药

学名：*Paeonia lactiflora* Pall.

科属：芍药科芍药属。

形态特征：多年生草本。花一般着生于茎的顶端或近顶端叶腋处，原种花白色，花瓣5～13枚，花瓣呈倒卵形。花期5～6月份。

生长习性：喜光照，耐旱，耐寒，在沙质透水性好的土壤中生长良好。

园林用途：园艺品种花色丰富，有白、粉、红、紫、黄、绿、黑和复色等，花径10～30cm，花瓣可达上百枚。观赏价值极高。花境材料，芍药可用作专类园、切花、花坛用花等。芍药花大色艳，观赏性佳，和牡丹搭配可在视觉效果上延长花期，因此常和牡丹搭配种植。

适用地区：全国各地。

82. 江南牡丹草

学名：*Gymnospermium kiangnanense* (P. L. Chiu) Loconte

科属：小檗科牡丹草属。

形态特征：多年生草本。高20～40cm。叶1枚，生于茎顶，2～3回三出羽状复叶，草质。总状花序顶生，具13～16朵花，花黄色。花期3～4月份。

生长习性：生于林缘及疏林下，喜温暖湿润气候，不耐寒，不耐旱。

园林用途：叶片婆娑多姿，花色金黄，耀眼夺目。花境材料，可应用于岩石园、药草园、草地和疏林边缘，片植最佳。

适用地区：华东地区。

83. 花菱草

学名：*Eschscholtzia californica* Cham.

科属：罂粟科花菱草属。

形态特征：多年生草本。高30～60cm。无毛，茎直立，植株带蓝灰色。花单生于茎和分枝顶端，花瓣4枚，黄色。花期4～8月份，果期6～9月份。

生长习性：较耐寒，喜冷凉干燥气候，不喜湿热。宜疏松肥沃、排水良好、土层深厚的沙质壤土。

园林用途：花色黄，鲜艳夺目。常应用于花境和花坛等处，片植效果最佳。

适用地区：华北、华中、华东地区。

84. 荷包牡丹

学名：*Dicentra spectabilis* (L.) Lem.

科属：罂粟科荷包牡丹属。

形态特征：多年生草本。株高30～60cm。地上茎直立。花优美，外花瓣紫红色至粉红色，稀白色。花期4～6月份。

生长习性：性耐寒而不耐高温，喜半阴的环境，炎热夏季休眠。不耐干旱，喜湿润、排水良好的肥沃沙壤土。

园林用途：叶丛美丽，花朵玲珑，形似荷包，色彩绚丽。适宜布置花境，在树丛、草地边缘湿润处丛植，景观效果极好。

适用地区：华北、华中、华东地区。

85. 博落回

学名：*Macleaya cordata*

科属：罂粟科博落回属。

形态特征：多年生直立草本，茎光滑绿色，高1～4m。叶片大，宽卵形或近圆形，叶背面呈白色。大圆锥花序，多花，萼片黄白色，无花瓣，雄蕊多数，雌蕊1枚；花后结长椭圆形的扁蒴果。花果期6～11月份。

生长习性：生命力极强，喜温暖湿润环境，耐寒、耐旱，适应性广，光照充足及半阴处可生长，对土壤要求不严。

园林用途：枝干挺拔，叶片较大，叶形多变，具有很好的观赏价值。适宜于花坛、花境、林缘点缀或野生花卉园种植。

适用地区：西南、华北、华中、华东、华南等地。

86. 虎耳草

学名：*Saxifraga stolonifera* Curt.

科属：虎耳草科虎耳草属。

形态特征：多年生草本。茎被长腺毛，具1～4枚苞片状叶。叶片近心形、肾形至扁圆形，腹面绿色，背面通常红紫色，有斑点。聚伞花序圆锥状，花两侧对称，花色白带紫色。花果期4～11月份。

生长习性：喜阴凉潮湿，土壤要求肥沃、湿润，以密茂多湿的林下和阴凉潮湿的坎壁上生长较好。

园林用途：株型矮小，叶片奇特美丽。小花十分可爱，当花朵盛开，微风吹拂着花朵时，就像一群群小蝴蝶在随风飞舞。花境材料，林下难得的耐阴地被花卉植物，也是假山水石的极佳装饰。

适用地区：华东、中南、西南地区。

87. 肾形草

学名：*Heuchera micrantha*

科属：虎耳草科矾根属。

形态特征：常绿草本。全株密生细毛。叶片暗紫红色，圆弧形。穗状花序，花梗细长、暗紫色，花白色、较小、铃形。花期5～6月份。

生长习性：喜中性偏酸、疏松肥沃的壤土，适宜生长在湿润但排水良好、半遮阴的土壤中，忌强光直射。

园林用途：叶片紫色，伴有各色花纹，异常艳丽。花境材料，适合疏林下大片种植，增强色彩的丰富度。

适用地区：东北、华北、西南、华东地区。

88. 落新妇

学名：*Astilbe chinensis* (Maxim.) Franch. et Savat.

科属：虎耳草科落新妇属。

形态特征：多年生草本，基生叶为二至三回三出羽状复叶，圆锥花序密被褐色卷曲长绒毛，花密集，花色丰富，有白色、淡粉色、红色、紫红色等。花期6～9月份。

生长习性：喜半阴湿润环境，较耐寒，对土壤适应性强。

园林用途：花序挺拔，花朵密集，花色丰富，极具观赏价值。适宜于半阴花境及岩石园，亦可作切花及盆栽观赏。

适用地区：全国各地。

89. 岩白菜

学名：*Bergenia purpurascens*

科属：虎耳草科岩白菜属。

形态特征：多年生草本，株高13～52cm。地下具粗大根状茎，叶均基生，革质，倒卵形或近椭圆形，深绿色至紫褐色，聚伞花序圆锥状，花紫红色，花果期5～10月份。

生长习性：喜温暖湿泣的半阴环境，不耐寒冷，喜排水良好土壤。

园林用途：叶色常绿，光亮可爱，紫红色的花序亭亭玉立，花期长，花色鲜艳，常用于岩石园或林下栽植，也适于盆栽观叶赏花。

适用地区：西南、华南地区。

90. 佛甲草

学名：*Sedum lineare* Thunb.

科属：景天科景天属。

形态特征：多年生草本。茎高10～20cm。3叶轮生，少有4叶轮生或对生的，叶线形。花序聚伞状，顶生中央有一朵有短梗的花，花瓣5，黄色。花期4～5月份，果期6～7月份。

生长习性：适应性极强，不择土壤，可以生长在较薄的基质上。其耐干旱能力极强，耐寒力亦较强。

园林用途：株形柔美，花美丽，碧绿的小叶宛如翡翠，整齐美观，观赏价值较高。花境材料，生长快，扩展能力强，而且根系纵横交错，与土壤紧密结合，能防止表土被雨水冲刷，适宜屋顶花园、作护坡草应用。

适用地区：全国各地。

91.‘胭脂红’景天

学名：*Sedum spurium* ‘Coccineum’

科属：景天科景天属。

形态特征：多年生宿根草本。株高10cm左右，植株低矮，茎匍匐，光滑。叶对生，卵形至楔形，叶片深绿色后变胭脂红色，冬季为紫红色。花深粉色。花期6～9月份。

生长习性：喜光，耐寒，耐高温，忌水湿，耐旱性极强。

园林用途：枝叶四季为红色，叶片靓丽，花开遍地红艳艳。花境、花坛布景的优良植物。栽植于树林下、路旁、场区、小区、广场、街心花园、屋顶等处裸露的空地。

适用地区：全国各地。

92. ‘金丘’松叶佛甲草（金叶佛甲草）

学名：*Sedum mexicanum*‘Gold Mound’

科属：景天科景天属。

形态特征：多年生肉质草本。叶条形，4（5）叶轮生，宽而扁，宽至3mm，叶色金黄色。花色黄。花期4～5月份。

生长习性：耐旱性极强，喜强光，不耐阴。

园林用途：叶片金黄色靓丽，花开时遍地金黄，花色艳，覆盖地面能力强，速度快，形似金黄色地毯。花境、花坛布景的优良植物。用于屋顶绿化、草坪及路旁、场区、小区、广场、街心花园等处裸露的空地。

适用地区：全国各地。

93. 垂盆草

学名： *Sedum sarmentosum* Bunge

科属： 景天科景天属。

形态特征： 多年生草本。不育枝及花茎细，匍匐而节上生根，直到花序之下。3叶轮生，叶倒披针形至长圆形。聚伞花序，花色黄。花期5～7月份，果期8月份。

生长习性： 性喜温暖湿润、半阴的环境，适应性强，较耐旱、耐寒，不择土壤，在疏松的沙质壤土中生长较佳。对光线要求不严，一般适宜在中等光线条件下生长，亦耐弱光。生长适温为15～25℃，越冬温度为-5℃。

园林用途： 株形柔美，花金黄美丽，整齐美观。花境材料，其耐粗放管理的特性值得在屋顶绿化、地被、护坡、花坛、吊篮等城市景观工程中进行推广应用，并可作为北方屋顶绿化的专用草坪草。可作庭院地被栽植，亦可室内吊挂欣赏。

适用地区： 全国各地。

94. 费菜

学名：*Sedum aizoon* L.

科属：景天科费菜属。

形态特征：多年生肉质草本。高可达60cm。叶互生或近乎对生。伞房状聚伞花序顶生。花瓣5枚，黄色。花期6～8月份，果期8～9月份。

生长习性：喜阳光充足、湿润凉爽环境。耐旱，耐严寒，稍耐阴，不耐水涝。对土壤要求不严格，一般土壤即可生长，以沙质壤土和腐殖质壤土生长最好。

园林用途：叶片肉质，整齐，花色金黄，是优良的观叶、观花地被植物。用于花境、花坛、岩石园，片植于林缘或作护坡植物材料，也可盆栽或吊栽，调节空气湿度和点缀平台庭院等。

适用地区：全国各地。

95. 八宝（八宝景天）

学名： *Hylotelephium erythrostictum* (Miq.) H. Ohba

科属： 景天科八宝属。

形态特征： 多年生肉质草本。株高50cm左右，地下茎肥厚，地上茎簇生，粗壮而直立，全株略被白粉，呈灰绿色。叶轮生或对生。伞房花序密集如平头状，花淡粉红色，常见栽培的尚有白色、紫红色、玫红色品种。花期9～10月份。

生长习性： 性喜强光和干燥、通风良好的环境，能耐−20℃的低温。喜排水良好的土壤，耐贫瘠和干旱，忌雨涝积水。

园林用途： 叶色碧绿，花色鲜艳，是良好的观叶、观花地被植物，也是布置花境、花坛和点缀草坪的好材料。亦可片植于疏林下作地被用。

适用地区： 全国各地。

96. 紫花地丁

学名：*Viola philippica*

科属：堇菜科堇菜属。

形态特征：多年生草本。无地上茎。叶片呈三角状卵形或狭卵形。花中等大，紫堇色或淡紫色，稀呈白色。花果期4月份中下旬。

生长习性：性喜光，喜湿润的环境，耐阴也耐寒，不择土壤，适应性强。

园林用途：花期早且集中。植株低矮，生长整齐，株丛紧密，返青早、观赏性高。适合作为花境或与其他早春花卉构成花丛。

适用地区：全国各地。

97. 犁头草

学名： *Viola japonica*

科属： 堇菜科堇菜属。

形态特征： 多年生草本。无地上茎和匍匐枝。叶基生，叶片卵形、宽卵形或三角状卵形。花淡紫色。花期3～4月份。

生长习性： 生于林缘、林下开阔草地间、山地草丛、溪谷旁。略喜光。

园林用途： 叶片丛生，紫色小花淡雅清秀。应用于花境、花坛，亦可盆栽观赏。

适用地区： 全国各地。

98. 三角叶酢浆草（紫叶酢浆草）

学名：*Oxalis triangularis*

科属：酢浆草科酢浆草属。

形态特征：多年生宿根草本。簇生。叶为三出掌状复叶，叶正面玫红，叶背深红色，且有光泽。花为伞形花序，浅粉色，花瓣5枚，5～8朵簇生在花茎顶端。花期4～11月份。

生长习性：适宜于排水良好的疏松土壤，喜光，耐半阴。

园林用途：小叶倒三角形或倒箭形，紫红色，部分叶片有紫黑色斑块。几乎全年都会开粉红色小花。布置花坛、花境，点缀景点，是较好的盆栽和地被植物。

适用地区：全国各地。

99. 红花酢浆草

学名：*Oxalis corymbosa* DC.

科属：酢浆草科酢浆草属。

形态特征：多年生直立草本。无地上茎，地下部分有球状鳞茎。叶基生，小叶3，花红色。花期5～9月份。

生长习性：喜向阳、温暖、湿润的环境，夏季炎热地区宜遮半阴，抗旱能力较强，不耐寒，华北地区冬季需进温室栽培，长江以南，可露地越冬。喜阴湿环境，对土壤适应性较强，一般园土均可生长，但以腐殖质丰富的沙质壤土生长最旺盛，夏季有短期的休眠。

园林用途：植株低矮、整齐，花多叶繁，花期长，花色艳，覆盖地面迅速，又能抑制杂草生长。适合在花坛、花境、疏林地及林缘大片种植，用红花酢浆草组字或组成模纹图案效果很好。也可盆栽用来布置广场、室内阳台，同时也是庭院绿化及路缘镶边的较好材料。

适用地区：全国各地。

100. 芙蓉葵

学名：*Hibiscus moscheutos* Linn.

科属：锦葵科木槿属。

形态特征：多年生直立草本，叶大，广卵形，花大，单生于叶腋，花径可达25cm，品种丰富，有白、粉、红、紫等色。花期6～8月份。

生长习性：喜阳，略耐阴，喜温暖湿润气候，忌干旱，耐水湿。

园林用途：植株直立，叶片翠绿，花色丰富，花大型，是优良的夏季观花植物，也是优良的花境植物，可广泛应用于庭园、园林绿化观赏。

适用地区：华中、华东地区。

101. 红秋葵

学名：*Hibiscus coccineus* (Medicus) Walt.

科属：锦葵科木槿属。

形态特征：多年生直立草本，全株光滑被白粉，茎、叶柄深红色，茎直立丛生半木质化，叶掌状5～7深裂，形似槭叶，故也叫槭葵，花大，深红色，花期7～9月份。

生长习性：喜温暖及阳光充足的环境，较耐寒，喜肥沃、排水良好钙质土。

园林用途：植株高大，叶形奇特，花色艳丽，极具观赏价值。适宜于作园林花境背景材料，或丛植于篱笆及墙边。

适用地区：华中、华东地区。

102. 蜀葵

学名： *Althaea rosea* (Linn.) Cavan.

科属： 锦葵科蜀葵属。

形态特征： 二年生直立草本。植株可高达2m。叶近圆心形，直径6～16cm，掌状5～7浅裂或波状棱角。花腋生，单生或近簇生，排列成总状花序，单瓣或重瓣，有紫、粉、红、白等色。花期6～8月份。

生长习性： 喜阳光充足，耐半阴，但忌涝。耐盐碱，耐寒。在疏松肥沃、排水良好、富含有机质的沙质土壤中生长良好。

园林用途： 花色丰富多彩，颜色鲜艳，亭亭玉立。花境材料，宜布置在院落、路侧、建筑物旁、假山旁或点缀花坛、草坪。

适用地区： 全国各地。

103. 锦葵

学名：*Malva sinensis* Cavan.

科属：锦葵科锦葵属。

形态特征：二年生直立草本。高50～90cm。叶圆心形或肾形，基部近心形至圆形，边缘具圆锯齿。花3～11朵簇生，花色淡紫或紫红。花期5～10月份。

生长习性：适应性强，在各种土壤上均能生长，耐寒，耐干旱，不择土壤，生长势强，喜阳光充足。

园林用途：花紫红色，秀丽多姿，是园林观赏的佳品。花境材料，适宜庭院四周栽种或盆栽观赏。亦可用于花境和花坛，丛植和片植。

适用地区：全国各地。

104. 药葵

学名：*Althaea officinalis* L.

科属：锦葵科药葵属。

形态特征：株高60～100cm，茎直立。叶互生，掌状裂。花数朵簇生于叶腋，淡紫或白色，花径约3cm。花期5～6月份。

生长习性：喜温暖湿润气候，喜光，耐半阴，忌严冬，耐干旱。

园林用途：枝叶灰绿色，花色小巧迷人。园林中常用于花坛、花境，或作为背景材料。

适用地区：全国各地。

105. 美丽月见草

学名：*Oenothera speciose*

科属：柳叶菜科月见草属。

形态特征：多年生草本。具粗大主根（粗达1.5cm），茎常丛生。花色粉红。花期5～8月份。

生长习性：适应性强，耐酸，耐旱，对土壤要求不严，一般中性、微碱或微酸性、排水良好、疏松的土壤上均能生长，若土壤太湿，根部易得病。

园林用途：月见草花朵粉红娇嫩，甚为美丽。丛生种植可营造出别样的自然园林风情。花境材料，可以成片种植，开花时十分壮观，非常适合郊野公园等处种植。

适用地区：东北、华北、华中、华东、华南地区。

106. 山桃草

学名：*Gaura lindheimeri* Engelm. & A. Gray

科属：柳叶菜科山桃草属。

形态特征：多年生草本。高可达1m，茎直立。叶互生，叶片卵状披针形。穗状花序，花序较长，花开放时反折，花瓣白色，后变粉红。花期5～8月份。

生长习性：耐寒，喜凉爽及半湿润气候，要求阳光充足、肥沃、疏松及排水良好的沙质壤土。耐干旱。

园林用途：白花形似桃花，花开时像千万只鸟儿随风翩跹，极具观赏性。花境材料，适合片植。

适用地区：华北、华东地区。

107. 紫叶山桃草

学名：*Gaura lindheimeri* 'Crimson Bunny'

科属：柳叶菜科山桃草属。

形态特征：多年生宿根草本。株高80～130cm。叶片紫色。穗状花序顶生，花小而多，粉红色。花期5～11月份。

生长习性：性耐寒，喜凉爽及半湿润环境。要求阳光充足、疏松、肥沃、排水良好的沙质壤土。

园林用途：全株呈靓丽的紫色，花多而繁茂，婀娜轻盈。用于花坛、花境或作为地被植物群栽。

适用地区：华北、华东地区。

108. 鸭儿芹

学名：*Cryptotaenia japonica* Hassk.

科属：伞形科鸭儿芹属。

形态特征：多年生草本。主根短，侧根多数，细长。茎直立，光滑，有分枝，表面有时略带淡紫色。叶片轮廓三角形至广卵形。小伞形花序有花2～4朵，花瓣白色。花期4～5月份，果期6～10月份。

生长习性：喜阴湿环境，适生于有机质丰富、结构疏松的微酸性沙质壤土。

园林用途：叶形状奇特，青翠碧绿。适宜布置花境、岩石园等，也可片植于林下或驳岸边坡，是难得的耐阴地被植物。

适用地区：华北、华中、华东、西南地区。

109. 紫叶鸭儿芹

学名：*Cryptotaenia japonica*'Atropurpurea'

科属：伞形科鸭儿芹属。

形态特征：多年生草本。茎高30～70cm，呈叉式分枝。叶片广卵形，长5～18cm，3出。整个花序呈圆锥形。果棱细线状圆钝。花期4～5月份。

生长习性：适生于土壤肥沃、有机质丰富、结构疏松、通气良好、环境阴湿、微酸性的沙质壤土。

园林用途：叶片紫色，色泽鲜艳，观赏期长。花境材料，亦可在疏林下、草地边缘作为地被植物来进行应用。

适用地区：华北、华中、华东、西南地区。

110. 香菇草(南美天胡荽)

学名：*Hydrocotyle verticillata*

科属：伞形科天胡荽属。

形态特征：多年生挺水或湿生植物。株高5～15cm，具蔓生性，节上常生根。叶互生，具长柄，圆盾形，直径2～4cm，叶脉15～20条，呈放射状。伞形花序，小花白色。花期6～8月份。

生长习性：适应性强，喜光照充足的环境，喜温暖，怕寒冷，越冬温度不宜低于5℃。栽培以半日照为佳。

园林用途：清秀翠绿的叶片与修长的叶柄相得益彰，很像微缩版的荷叶。花境材料，适宜庭院及水体岸边片植、丛植。

适用地区：长江流域以南地区。

111. 扁叶刺芹

学名：*Eryngium planum* L.

科属：伞形科刺芹属。

形态特征：多年生直立草本，茎灰白色、淡紫色至深紫色，上部分枝，基生叶长椭圆形，头状花序着生于每一分枝顶端，圆卵形或半球形，花浅蓝色，果实长卵圆形，花果期7～8月份。

生长习性：适应性强，耐寒，耐干旱，对土壤要求不严格。

园林用途：株形直立，浅蓝色的花开放在夏季，是优良的夏季花境植物。适宜于花境及庭园景观布置，也可作切花和干燥花。

适用地区：东北南部至华南地区。

112. 金叶过路黄

学名：*Lysimachia nummularia*‘Aurea’

科属：报春花科珍珠菜属。

形态特征：多年生常绿草本。株高仅约10cm，但地表匍匐茎生长旺盛，最长可达1m以上。茎节较短，节间能萌发地生根。叶片为卵圆形，单叶对生，叶色金黄。开杯状黄花。花期5～7月份。

生长习性：具有较强的耐干旱能力，对环境适应性强，喜光也耐半阴，耐旱，耐热，耐寒。

园林用途：叶片在3～11月份呈金黄色，到11月底植株渐渐停止生长，叶色由金黄色慢慢转为淡黄，直至绿色。在冬季浓霜和气温降到-5℃时叶色会转为暗红色。叶色鲜艳丰富，观赏效果很好。可作为色块，布置在草坪中央。可以群植于疏林下或花坛边缘作镶边材料，可以种植于小路两侧，也可以在树穴周围种植。与宿根花卉、麦冬、小灌木等搭配，亦可盆栽观赏。

适用地区：全国各地。

113. 天蓝绣球（宿根福禄考）

学名：*Phlox paniculata*

科属：花荵科福禄考属。

形态特征：多年生草本。茎直立。叶对生。伞房状圆锥花序，多花密集呈顶生，花冠有淡红、红、白、紫等色。花期6～8月份。

生长习性：性喜温暖、湿润、阳光充足或半阴的环境。不耐热，耐寒，忌烈日暴晒，不耐旱，忌积水。宜在疏松、肥沃、排水良好的中性或碱性的沙壤土中生长。

园林用途：开花时，花叶繁茂、艳丽，花色丰富，在植株上方呈现出美丽的色彩，观赏效果良好。花境、花坛材料，点缀草坪或片植于林缘。

适用地区：华北、华中、华东、西南地区。

114. 针叶天蓝绣球（丛生福禄考）

学名：*Phlox subulata* L.

科属：花荵科福禄考属。

形态特征：多年生矮小草本。茎丛生，铺散，多分枝，被柔毛。叶对生或簇生于节上。花数朵生枝顶，呈简单的聚伞花序，花冠高脚碟状，淡红、紫色或白色。花期春秋季节。

生长习性：极耐寒，耐旱，耐贫瘠，耐高温。在-8℃时，叶片仍呈绿色。

园林用途：花期长，绿期长，早春开花时，繁花似锦，喜庆怡人。群体观赏效果极佳。用于花坛、花境、地被。可单独片植或丛植在裸露的空地上；可点缀在边缘绿化带内；可栽种于岩石空隙间；可与郁金香、风铃草、矮化萱草等花卉混种；还可种植在边坡地段，不仅美化坡地，还能减少水土流失。

适用地区：全国各地。

115. 元宝草

学名：*Hypericum sampsonii* Hance

科属：藤黄科金丝桃属。

形态特征：多年生草本。高20～80cm，全体无毛。茎单一或少数。叶对生，无柄，叶基部完全合生为一体而茎贯穿叶中心。花序顶生，多花，伞房状，花黄色。花期5～6月份。

生长习性：生于山坡草丛中或旷野路旁阴湿处。

园林用途：叶片贯穿主茎，株形奇特，花色金黄可爱。花境材料，可用于药草园、岩石园等处，宜丛植和片植。

适用地区：中国长江流域南至台湾均有分布。

116. 银香菊

学名：*Santolina chamaecyparissus* L.

科属：菊科银香菊属。

形态特征：多年生常绿草本。株高50cm左右，枝叶密集，新梢柔软，具灰白柔毛。叶银灰色。花黄色。花期6～7月份。

生长习性：耐干旱，耐瘠薄，耐高温，耐热，忌土壤湿涝。

园林用途：叶银灰色，花朵黄色，如纽扣。用于花境、岩石园、花坛、低矮绿篱。也可栽于树坛边缘。

适用地区：华东地区。

117. 芳香万寿菊

学名：*Tagetes lemmonii*

科属：菊科万寿菊属。

形态特征：多年生草本。高达1.5m以上。羽状复叶对生。聚伞花序顶生，花金黄色。花期9～11月份。

生长习性：喜光，对土壤要求不严。

园林用途：秋季开花，金黄色花序缀满枝条，亮丽耀眼，十分美丽。花境材料，种植在疏林和草地边缘，亦可种植在岩石园。

适用地区：华东地区。

118. 蓍草

学名：*Achillea millefolium* L.

科属：菊科蓍属。

形态特征：多年生草本。高40～100cm，茎直立。花白色、粉红色或淡紫色，盘花管状，黄色。花果期7～9月份。

生长习性：耐寒，喜光，喜肥沃、排水良好的土壤及日照充足的环境。

园林用途：花期长达3个月，花色丰富，如朵朵彩云飘浮在植株上方。用于花境布置，常作带状种植。亦可群植于林缘形成花带及岩石园等处应用。

适用地区：全国各地。

119. 野菊

学名：*Chrysanthemum indicum* L.

科属：菊科菊属。

形态特征：多年生草本。高25～100cm。茎直立或铺散。头状花序，舌状花黄色。花期6～11月份。

生长习性：喜光，耐瘠薄，山坡草地、田边、路旁等野生地带均能生长。

园林用途：野菊丛生，花朵黄色，寒秋时节傲霜怒放发清香，散发出一种坚韧、朴实的美。花境材料，可以片植，也可以作为护坡及房前屋后种植。

适用地区：全国各地。

120. 蛇鞭菊

学名：*Liatris spicata* Willd.

科属：菊科蛇鞭菊属。

形态特征：多年生草本。基生叶线形，长达30cm。头状花序排列成密穗状，长60cm，因多数小头状花序聚集成长穗状花序，呈鞭形而得名，花色淡紫和纯白。花期7～8月份。

生长习性：耐寒，耐水湿，耐贫瘠。喜欢阳光充足、气候凉爽的环境，土壤要求疏松肥沃、排水良好的沙壤土为宜。

园林用途：花期长，花茎挺立，花色清丽。宜作花坛、花境和庭院植物，是优秀的园林绿化新品种。

适用地区：全国各地。

121. 花叶马兰

学名：*Kalidium indica* cv.

科属：菊科马兰属。

形态特征：多年生草本。高30～50cm，茎直立。叶片色彩斑斓。头状花序呈疏伞房状，边花舌状，白色或蓝紫色，内花管状，黄色。花期7～9月份。

生长习性：喜光，喜通风，不耐水湿，喜排水良好的土壤。

园林用途：叶片色彩斑斓，蓝紫色小花开满枝头，非常动人。园林中常用于花境和地被。

适用地区：全国各地。

122. 银蒿

学名：*Artemisia austriaca* Jacq.

科属：菊科蒿属。

形态特征：多年生草本。高15～50cm，茎直立有时呈半灌木状。茎、枝、叶两面及总苞片背面密被银白色或淡灰黄色略带绢质的绒毛。花果期8～10月份。

生长习性：喜光，耐寒。生长强健，对土壤要求不高。

园林用途：叶银白色，株形匀整，观赏价值颇高。花境材料，公园、居住区、庭院景观布置及盆栽观赏。

适用地区：全国各地。

123. 蜂斗菜

学名：*Petasites japonicus* (Sieb. et Zucc.) Maxim.

科属：菊科蜂斗菜属。

形态特征：多年生草本。花茎高20～40cm。叶基生，有长叶柄，初时表面有毛，叶片心形或肾形。花茎从根部抽出，头状花序排列成伞房状，黄白色。花果期4～5月份。

生长习性：极耐阴，山坡林下、溪谷旁潮湿草丛中生长良好。

园林用途：叶片硕大，白色花序素雅清新。花境材料，极耐阴，种植林下作地被。

适用地区：华东、华中、西南地区。

124. 大丽花

学名：*Dahlia pinnata* Cav.

科属：菊科大丽花属。

形态特征：多年生草本。高1.5～2m，茎直立，多分枝，粗壮。叶一至三回羽状全裂。头状花序大，有长花序梗，常下垂，舌状花，白色、红色或紫色，管状花黄色。花期6～12月份，果期9～10月份。

生长习性：喜凉爽的气候，不耐干旱，不耐涝，适宜土壤疏松、排水良好的肥沃沙质壤土中。

园林用途：花期长，花径大，花朵多，被称为世界名花之一，观赏价值极高。适宜花坛、花境或庭前丛植，矮生品种可作盆栽。

适用地区：全国各地。

125. 佩兰

学名：*Eupatorium fortunei* Turcz.

科属：菊科佩兰属。

形态特征：多年生草本。高40～100cm，茎直立，绿色或红紫色。叶对生。头状花序多数在茎顶及枝端排成复伞房花序，每个花序具花4～6朵，花白色或带微红。花果期7～11月份。

生长习性：喜温暖湿润气候，耐寒，怕旱，怕涝。对土壤要求不严，以疏松肥沃、排水良好的沙质壤土栽培为宜。

园林用途：花深秋开放，别具一格，随风摇曳，清新雅致。用于花境或成片种植于林缘。

适用地区：华北、华东、华南地区。

126. 金球菊（亚菊）

学名：*Ajania pallasiana* (Fisch. ex Bess.) Poljak.

科属：菊科亚菊属。

形态特征：多年生草本。高30～60cm，茎直立。头状花序多数或少数在茎顶或分枝顶端排成疏松或紧密的复伞房花序。花冠全部黄色。花果期8～9月份。

生长习性：适应性强，抗热，也较耐寒。

园林用途：叶片集中于枝顶，紧凑，叶片边缘苍白色，花色金黄。布置花坛、花境或岩石园，也可在草坪中成片种植。

适用地区：华北、华东、华南、西南地区。

127. 黄金菊

学名：*Euryops chrysanthemoides* × *speciosissimus*

科属：菊科菊属。

形态特征：多年生草本。叶片羽状有细裂。花黄色。花期8～11月份。

生长习性：喜光，喜排水良好的沙质壤土，土壤中性或略碱性均可。

园林用途：叶片细裂，常绿，花大金黄。花期长。可用于花境、花坛、花台，亦可用于道路两侧、林缘等处。

适用地区：全国各地。

128. 大花金鸡菊

学名：*Coreopsis grandiflora* Hogg.

科属：菊科金鸡菊属。

形态特征：多年生草本。高20～100cm，茎直立。叶对生。头状花序单生于枝端，舌状花，黄色。花期5～9月份。

生长习性：耐旱，耐寒，耐热，可耐极端40℃左右的高温以及-20℃的极端低温，适应性强，对土壤要求不严，喜肥沃、湿润、排水良好的沙质壤土。

园林用途：花大而艳丽，花开时一片金黄，犹如铺上一层金色软缎，在绿叶衬托下，犹如金鸡独立，绚丽夺目。花期四个多月。常用于花境、坡地、庭院、街心花园的美化设计中，可用作切花或地被，还可用于高速公路绿化，有固土护坡作用，而且成本低。

适用地区：全国各地。

129. “天堂之门”玫红金鸡菊

学名： *Coreopsis rosea* ‘Heaven’s Gate’

科属： 菊科金鸡菊属。

形态特征： 多年生草本。叶细羽状分裂。花瓣粉红色，花期5～10月份。

生长习性： 性耐寒，忌暑热，喜光，耐干旱贫瘠。

园林用途： 花密实艳丽，花色粉红，娇艳美丽，园林观赏价值较高。花境材料，园林中丛植、片植。

适用地区： 全国各地。

130. 大吴风草

学名：*Farfugium japonicum* (L. f.) Kitam.

科属：菊科大吴风草属。

形态特征：多年生常绿草本。根茎粗壮。基生叶莲座状，肾形，先端圆，全缘或有小齿或掌状浅裂。花葶高达70cm，头状花序呈辐射状，花黄色。花期10～12月份。

生长习性：喜半阴和湿润环境，耐寒，在江南地区能露地越冬，害怕阳光直射，对土壤适应度较好，以肥沃疏松、排水良好的黑土为宜。

园林用途：叶大浓绿，花色金黄，开花在秋季10月份，观赏效果尤好。花境材料，种植于林缘、疏林下，也可以种植在房前屋后及景石旁，是很好的常绿耐阴地被植物。

适用地区：长江流域及以南。

131. 黄斑大吴风草（花叶大吴风草）

学名：*Farfugium japonicum*'Aurea ～ maculatum'

科属：菊科大吴风草属。

形态特征：多年生宿根草本。叶片近圆形，花色金黄，深绿色叶片上有大小不等的黄白色斑点。花果期10 ～ 11月份。

生长习性：喜温暖、湿润、向阳的环境，喜欢排水良好的肥沃壤土。

园林用途：观叶、观花植物，四季常绿，叶有斑点，花期长。花境、花坛及疏林下片植。

适用地区：长江流域及以南。

132. 兔儿伞

学名：*Syneilesis aconitifolia* (Bge.) Maxim.

科属：菊科兔儿伞属。

形态特征：多年生草本。高70～120cm。茎直立，单一。根生叶幼时伞形，下垂。茎生叶互生，叶柄长，叶片圆盾形，掌状分裂。头状花序多数，密集呈复伞房状。花期7～9月份，果期9～10月份。

生长习性：喜温暖、湿润及阳光充足的环境，耐半阴，耐寒，耐贫瘠。不择土壤，以疏松、肥沃的壤土为佳。

园林用途：初生叶像一把雨伞，十分独特，颇具观赏性。花境材料，运用于林缘或观赏石旁种植，十分美观。

适用地区：东北、华北、华东地区。

133. 宿根天人菊

学名：*Gaillardia aristata* Pursh.

科属：菊科天人菊属。

形态特征：多年生草本。高60～100cm。基生叶和下部茎叶长椭圆形或匙形，中部茎叶披针形、长椭圆形或匙形。舌状花黄色。花果期7～8月份。

生长习性：喜光照充足、温暖，耐热，耐寒，耐干旱，忌积水。

园林用途：花朵繁茂整齐，花色鲜艳丰富，花量大，花期长。用于花坛或花境，可成丛、成片地植于林缘和草地中，也可作切花用。

适用地区：全国各地。

134. 大滨菊

学名：*Leucanthemum maximum* (Ramood) DC.

科属：菊科滨菊属。

形态特征：多年生草本。株高30 ～ 60cm，茎直立，全株光滑无毛。叶互生，基生叶披针形，茎生叶线形，稍短于基生叶。头状花序单生茎顶，舌状花白色，管状花黄色。花期5 ～ 7月份。

生长习性：耐寒，性喜阳光，要求富含腐殖质的疏松、肥沃和排水良好的沙质壤土。

园林用途：花朵洁白素雅，株丛紧凑，观赏效果好。适宜花境前景或中景栽植，林缘或坡地片植，庭园或岩石园点缀栽植，亦可盆栽观赏或作鲜切花使用。

适用地区：华北、华中、华东地区。

135. 勋章菊

学名：*Gazania rigens* (L.) Gaertn.

科属：菊科勋章菊属。

形态特征：多年生宿根草本，常作一年生栽培。叶丛生，披针形或倒卵状披针形，全缘或有浅羽裂，叶背密被白绵毛。花径7～8cm，舌状花白、黄、橙红色，有光泽，花期4～5月份。

生长习性：性喜温暖向阳的气候，喜排水良好、疏松肥沃土壤，好凉爽，不耐冻，忌高温高湿与水涝。

园林用途：花形奇特，花色丰富，其花心有深色眼斑，形似勋章，十分有趣。花境、花坛或草坪边缘种植，也可用于布置小庭院、窗台景观等，十分自然和谐。点缀小庭园似张张花脸，十分可爱。

适用地区：华北、华中、华东地区。

136. 银叶菊

学名：*Senecio cineraria* DC.

科属：菊科千里光属。

形态特征：多年生草本。叶匙形或羽状裂叶，正反面均被银白色柔毛，叶片质较薄，叶片缺裂，如雪花图案。头状花序单生枝顶，花小、黄色，花期6～9月份。

生长习性：喜凉爽湿润、阳光充足的气候和疏松肥沃的沙质壤土或富含有机质的黏质壤土。生长最适宜温度为20～25℃，不耐酷暑，高温高湿时易死亡。

园林用途：正反面均被银白色柔毛。其银白色的叶片远看像一片白云，观赏效果极佳。花境、花坛及林缘坡地种植应用。

适用地区：全国各地。

137. 松果菊

学名：*Echinacea purpurea* (L.) Moench

科属：菊科紫松果菊属。

形态特征：多年生草本。株高60～150cm。头状花序单生或几朵聚生枝顶，舌状花瓣宽，下垂，玫瑰红色，管状花橙黄色，突出呈球形。花期5～9月份，果期7～12月份。

生长习性：喜温暖，性强健而耐寒，喜光，耐干旱，不择土壤，在深厚肥沃富含腐殖质土壤中生长良好。

园林用途：花大，色艳。风格粗放，花期长。用于花境或丛植于树丛边缘，也可以片植，是优良的观赏地被花卉。

适用地区：全国各地。

138. 金光菊

学名：*Rudbeckia laciniata* L.

科属：菊科金光菊属。

形态特征：多年生草本。叶互生。头状花序单生于枝端，舌状花金黄色，舌片倒披针形，管状花黄色或黄绿色。花期7～10月份。

生长习性：喜通风良好、阳光充足的环境。耐寒又耐旱。对土壤要求不严，但忌水湿。在排水良好、疏松的沙质土中生长良好。

园林用途：株型较大，盛花期花朵繁多，且开花观赏期长，落叶期短，能形成长达半年之久的观赏效果。可作花坛、花境材料，也可布置草坪边缘呈自然式栽植。

适用地区：全国各地。

139. 荷兰菊

学名：*Aster novi-belgii* Linn.

科属：菊科紫菀属。

形态特征：多年生草本。高60～100cm，茎丛生、多分枝。叶呈线状披针形。在枝顶形成伞状花序，花色蓝紫或玫红。花期8～10月份。

生长习性：性喜阳光充足和通风的环境。耐干旱，耐寒，耐瘠薄，对土壤要求不严，适宜在肥沃和疏松的沙质土壤中生长。

园林用途：花量大，花期长。适宜布置花境、花坛，亦可用于盆栽观赏。

适用地区：全国各地。

140. 菊芋

学名： *Helianthus tuberosus* L.

科属： 菊科向日葵属。

形态特征： 多年生宿根草本。高1～3m，茎直立，有分枝。叶通常对生，有叶柄，上部叶互生。头状花序较大，舌状花黄色。花期8～9月份。

生长习性： 耐寒，抗旱，耐瘠薄，对土壤要求不严。

园林用途： 叶色碧绿，秋季开花，花鲜艳亮丽，十分美观。花境背景材料或路缘边坡应用。

适用地区： 全国各地。

141. 串叶松香草

学名：*Silphium perfoliatum* L.

科属：菊科松香草属。

形态特征：多年生宿根草本。株高1.5～3m。叶片大，长椭圆形，叶对生，无柄，茎叶基部叶片相连。花期5～8月份。

生长习性：喜温暖湿润气候，耐高温，也极耐寒。喜酸性肥沃壤土。

园林用途：植株高大健美，花量大，花色金黄。可以作为花境的背景材料。

适用地区：全国各地。

142. 龙牙草

学名：*Agrimonia pilosa*

科属：蔷薇科龙牙草属。

形态特征：多年生草本。茎高30～120cm。叶为不整齐的单数羽状复叶，小叶通常5～7枚，茎上部为3小叶。总状花序顶生，小花黄色。花果期5～12月份。

生长习性：适应性较强，喜光，略耐半阴。

园林用途：叶形奇特，小黄花繁密鲜艳，具有一定的观赏价值。花境、林缘应用。

适用地区：全国各地。

143. 蛇莓

学名：*Duchesnea indica* (Andr.) Focke

科属：蔷薇科蛇莓属。

形态特征：多年生草本。全株有柔毛，匍匐茎长。花单生于叶腋，直径1.5～2.5cm。瘦果卵形，鲜时有光泽。花期6～8月份，果期8～10月份。

生长习性：喜阴凉，喜温暖湿润，耐寒，不耐旱，不耐水渍。对土壤要求不严，田园土、沙壤土、中性土均能生长良好。

园林用途：植株低矮，匍匐生长，枝叶茂密。春季赏黄花，夏季观红果。花境材料，花鲜，果美，植株矮小，匍匐生长，较耐践踏，是不可多得的优良地被植物。片植效果尤佳。

适用地区：全国各地。

144. 地榆

学名：*Sanguisorba officinalis* L.

科属：蔷薇科地榆属。

形态特征：多年生草本植物。纺锤形粗壮根。花序穗状，花瓣紫红色。花果期7～10月份。

生长习性：生于向阳山坡、灌丛，喜沙性土壤，中国南北各地均能栽培。

园林用途：叶形美观，其紫红色穗状花序摇曳于翠叶之间，高贵典雅。作花境背景或栽植于庭园、花园供观赏。

适用地区：全国各地。

145. 柔毛路边青

学名：*Geum japonicum* Thunb. var. chinense F. Bolle

科属：蔷薇科路边青属。

形态特征：多年生草本。高20～100cm，茎直立。基生叶为羽状复叶，通常有小叶2～6对。花序顶生，疏散排列，花瓣黄色。花果期7～10月份。

生长习性：生长于山坡草地、沟边、路边、河滩、林间隙地及林缘。喜温暖湿润的气候，稍耐阴。

园林用途：叶形奇特，花黄色优雅别致，花期长。花境材料，林缘及路边种植，也可以在疏林下成片种植作为地被植物应用。

适用地区：全国各地。

146. 阔叶补血草

学名：*Limonium platyphyllum* Lincz.

科属：白花丹科补血草属。

形态特征：多年生常绿草本。基生叶阔匙形，波状，莲座样排列。花小，花萼管近白色，花冠淡蓝紫色。花果期为5～11月份。

生长习性：性喜干燥凉爽气候，喜强光照，喜石灰质微碱壤土，特别耐瘠薄、干旱，抗逆性强。

园林用途：叶片宽大常绿，花形独特，盛开的朵朵小花，像满天繁星撒向人间。花境材料，冬季常绿，成片种植效果十分壮观。

适用地区：华东地区。

147. 柳叶马鞭草

学名：*Verbena bonariensis* L.

科属：马鞭草科马鞭草属。

形态特征：多年生草本。株高100～150cm。叶为柳叶形，十字对生。聚伞花序，紫红色或淡紫色。花期5～9月份。

生长习性：性喜温暖气候，生长适合温度为20～30℃，不耐寒，不择土壤。在全日照的环境下生长为佳。

园林用途：摇曳的身姿，娇艳的花色，繁茂而长久的观赏期，令人陶醉。花境材料，景观布置中应用很广，其片植效果极其壮观，常常被用于疏林下、植物园和别墅区的景观布置，开花季节犹如一片粉紫色的云霞，令人震撼。在庭院绿化中，柳叶马鞭草可以沿路带状栽植，分隔庭院空间的同时，还可以丰富路边景观。

适用地区：长江流域及以南地区。

148. 美女樱

学名：*Glandularia* × *hybrida*

科属：马鞭草科马鞭草属。

形态特征：多年生草本，北方多作一年生草花栽培。株高10～50cm，茎四棱，植株丛生而铺覆地面。叶对生，深绿色。穗状花序顶生，密集呈伞房状，花小而密集，有白色、粉色、红色、复色等，具芳香。花期4～10月份。

生长习性：喜温暖、湿润气候，喜阳，不耐干旱怕积水。对土壤要求不严，在疏松肥沃、较湿润的中性土壤中能节节生根，生长健壮，开花繁茂。

园林用途：花色丰富多彩，鲜艳雅致，花期长。布置在花坛、花境、公园或公共绿地的入口处、林缘、草坪边缘等地带。

适用地区：长江流域。

149. 车前

学名：*Plantago asiatica* L.

科属：车前科车前属。

形态特征：一年生或二年生草本。根茎短。叶基生呈莲座状；穗状花序细圆柱状。花萼无毛，花冠白色。花期5～7月份，果期7～9月份。

生长习性：耐寒，耐旱，对土壤要求不严，在温暖、潮湿、向阳的沙质沃土上能生长良好。

园林用途：叶片莲座状，穗状花序直立，清雅脱俗。花境材料，疏林下或水边种植。

适用地区：全国各地。

150. 紫叶车前

学名：*Plantago major* 'Purpurea'

科属：车前草科车前草属。

形态特征：多年生宿根草本。根茎短缩肥厚，无茎。叶全部基生，叶片紫色，叶薄纸质，卵形至广卵形，边缘波状。穗状花序，花小，花冠不显著。花期5～8月份。

生长习性：喜向阳、湿润的环境，耐寒，耐旱。对土壤要求不严，一般土壤均可种植。

园林用途：全株暗紫色，叶片硕大，观赏效果好。花境中作彩色配色植物，或水边应用可增添水景绿化的色彩。

适用地区：全国各地。

151. 毛地黄钓钟柳

学名：*Penstemon laevigatus* subsp. Digitalis

科属：玄参科钓钟柳属。

形态特征：多年生草本。叶交互对生，无柄。花单生或3～4朵着生于叶腋总梗之上，花色有白、粉、蓝紫等色。花期5～6月份。

生长习性：喜阳光充足、空气湿润及通风良好的环境，忌炎热干旱，耐寒，对土壤要求不严，但必须排水良好。

园林用途：半常绿，花期长，株形秀丽，花色鲜艳。花境和花坛栽植的良好材料。

适用地区：长江流域及以南地区。

152. 穗花（穗花婆婆纳）

学名：*Pseudolysimachion spicatum*

科属：玄参科穗花属。

形态特征：多年生草本。茎直立。叶对生。长穗状花序，花淡紫、桃红或白色。花期6～9月份。

生长习性：喜光，耐半阴，在各种土壤上均能生长良好，忌冬季土壤湿涝。

园林用途：株形紧凑，花枝优美，花序细长，花期恰逢仲夏缺花季节，观赏价值很高。适于花境、花坛丛植及切花配材。

适用地区：长江流域地区。

153. 杏叶沙参

学名：*Adenophora petiolata* subsp. Huadungensis

科属：桔梗科沙参属。

形态特征：多年生草本植物。高可达1m，植株直立而不分枝。花冠常紫色或蓝色。花期6～7月份。

生长习性：喜温暖或凉爽气候，耐寒，干旱往往引起死苗。以土层深厚肥沃、富含腐殖质、排水良好的沙质壤土栽培为宜。

园林用途：花色紫色或蓝色，钟状小花，花形奇特，随风摇曳，如铃铛般。可用于花境背景材料，亦可应用于疏林下和林缘。

适用地区：华中、华东、华南、西南各地区。

154. 桔梗

学名：*Platycodon grandiflorus* (Jacq.) A. DC.

科属：桔梗科桔梗属。

形态特征：多年生草本。茎高20～120cm。叶全部轮生，部分轮生至全部互生，花单朵顶生，或数朵集成假总状花序，花冠大，蓝色、紫色或白色。花期7～9月份。

生长习性：喜凉爽气候，耐寒，喜阳光。适宜生长在较疏松的土壤中。

园林用途：花大，花苞似铃铛，开放时紫色或白色，素雅美丽。庭院种植或花境点缀，也可以成片种植。

适用地区：全国各地。

155. 宿根六倍利

学名：*Lobelia speciosa* Sweet

科属：桔梗科半边莲属。

形态特征：多年生宿根草本，叶对生，茎秆紫红色，花穗长而浓密，花顶生或腋出，花冠形似蝴蝶展翅，花色丰富，有猩红色、蓝色、枚红色等。花期是6月中下旬～8月中旬。

生长习性：喜光，喜排水良好的肥沃土壤，不耐霜冻，在南京地区只能作一年生栽培。

园林用途：植株整齐，花色丰富艳丽，是优良的观赏花卉。适宜于花海、花坛、花境、公园绿地种植及盆栽种植。

适用地区：长江流域及以南地区。

156. 顶花板凳果（富贵草）

学名：*Pachysandra terminalis* Sieb. et Zucc.

科属：黄杨科板凳果属。

形态特征：匍匐常绿小灌木。高20～30cm。叶面革质状，深绿色。穗状花序顶生，花细小，白色。花期4～5月份。

生长习性：性喜半阴、温暖、凉爽的环境，较耐寒。

园林用途：叶片翠绿，宛如绿色地毯，极具观赏性。花境材料，庭园道路两侧或林下难得的常绿地被植物。

适用地区：甘肃、陕西及长江流域地区。

157. 紫金牛

学名：*Ardisia japonica* (Thunb) Blume

科属：紫金牛科紫金牛属。

形态特征：亚灌木。近蔓生，具匍匐生根的根茎。叶对生或近轮生。花粉红至紫红色。果实红色。花期5～6月份，果期11～12月份。

生长习性：喜温暖、湿润环境，喜荫蔽，忌阳光直射。适宜生长于富含腐殖质的排水良好的土壤。

园林用途：枝叶常青，入秋后果色鲜艳，经久不凋，能在郁密的林下生长。花境材料，常绿耐阴地被植物，适宜种植在高层建筑群的绿化带下层以及补水及时的立交桥下。

适用地区：陕西及长江流域以南地区。

158. 络石

学名：*Trachelospermum jasminoides* (Lindl.) Lem.

科属：夹竹桃科络石属。

形态特征：木质藤本。长达10m。叶革质或近革质。二歧聚伞花序腋生或顶生，花多朵组成圆锥状，花白色，芳香。花期3～7月份，果期7～12月份。

生长习性：喜弱光，亦耐烈日高温。攀附墙壁，阳面及阴面均可。对土壤的要求不严，一般肥力中等的轻黏土及沙壤土均宜，酸性土及碱性土均可生长，较耐干旱，但忌水湿。

园林用途：常绿，花形奇特，十分美丽。花境材料，岩石、墙垣上生长或作林下地被植物。

适用地区：长江流域及以南地区。

159. 变色络石（花叶络石）

学名：*Trachelospermum jasminoides* 'Variegatum'

科属：夹竹桃科络石属。

形态特征：常绿木质藤蔓植物。叶革质，椭圆形至卵状椭圆形或宽倒卵形，老叶近绿色或淡绿色，第一轮新叶粉红色，少数有2～3对粉红叶，第二至第三对为纯白色叶，在纯白叶与老绿叶间有数对斑状花叶。

生长习性：喜光，稍耐阴，喜空气湿度较大的环境，适宜排水良好的酸性、中性土壤，性强健。

园林用途：叶色十分丰富，极似盛开的一簇鲜花，极其艳丽、多彩，尤其以春、夏、秋三季更佳，可达到最佳的色彩效果。应用在花境、花坛等处，可在城市行道树下隔离带种植，或作为护坡藤蔓覆盖。

适用地区：长江流域及以南地区。

160. 蔓长春花

学名：*Vinca major* L.

科属：夹竹桃科蔓长春花属。

形态特征：蔓性半灌木。茎偃卧，花茎直立。叶椭圆形。花单朵腋生，花冠蓝色，花冠筒漏斗状。花期3～6月份。

生长习性：喜温暖湿润，喜阳光也较耐阴，稍耐寒，喜欢生长在深厚肥沃湿润的土壤中。

园林用途：四季常绿，其花色绚丽，观赏效果良好。花境材料，适宜种植林下，也可以作为路牙镶边植物材料。

适用地区：长江流域及以南地区。

161. 花叶蔓长春花

学名：*Vinca major*'Variegata'

科属：夹竹桃科蔓长春花属。

形态特征：多年生草本。枝条蔓性、匍匐生长，长达2m以上。叶椭圆形，对生，亮绿色，有光泽，叶缘乳黄色，边缘白色，有黄白色斑块。花期4～5月份。

生长习性：喜温暖和阳光充足环境，略耐阴，耐寒，较耐旱，但在较荫蔽处，叶片的黄色斑块变浅，宜植于疏林下。喜较肥沃、湿润的土壤。

园林用途：花色绚丽，叶子形态独特，色彩斑斓。花境材料，四季常绿，是一种理想的林下和路边地被植物。

适用地区：长江流域及以南地区。

162. 金钱蒲

学名：*Acorus gramineus* Soland

科属：天南星科菖蒲属。

形态特征：多年生草本。根茎具气味。叶全缘，排成二列。肉穗花序（佛焰花序），花梗绿色，佛焰苞叶状。花果期2～6月份。

生长习性：喜阴湿环境，在郁闭度较大的树下也能生长，不耐阳光暴晒。不耐干旱，稍耐寒，在长江流域可露地生长。

园林用途：常绿而具光泽，花奇特，佛焰苞状，观赏价值很高。花境材料，宜在水边、溪流石上和较密的林下作地被植物。

适用地区：长江流域及以南地区。

163. 东亚魔芋

学名：*Amorphophallus kiusianus*

科属：天南星科魔芋属。

形态特征：多年生草本。叶片大，叶柄粗，多浆汁，绿色，有紫褐色斑点。花茎高约1m，佛焰苞长卵形或漏斗状筒形，淡绿色，有紫色斑块，肉穗花序长10 ～ 20cm。浆果成熟时蓝黑色。花期5月份，果期8月份。

生长习性：喜温暖、湿润、半阴环境。

园林用途：叶片大型，花序奇特，果序粗壮，充满神秘色彩。作为花境、花坛材料及林下地被植物或在湿地栽植。

适用地区：长江中下游地区。

164. 常春藤 （尼泊尔常春藤）

学名： *Hedera nepalensis* K. Koch var. sinensis (Tobl.) Rehd.

科属： 五加科常春藤属。

形态特征： 多年生常绿攀援灌木。气生根。单叶互生。伞形花序单个顶生，花淡黄白色或淡绿白色。果实圆球形，红色或黄色。花期9～11月份，果期翌年3～5月份。

生长习性： 阴性藤本植物，也能生长在全光照的环境中。在温暖湿润的气候条件下生长良好，不耐寒。对土壤要求不严，喜湿润、疏松、肥沃的土壤，不耐盐碱。

园林用途： 叶形美丽，四季常青，春季可赏累累硕果。花境材料，栽植于假山旁、墙根，让其自然附着垂直或覆盖生长，起到装饰美化环境的效果。

适用地区： 长江流域及以南地区。

165. 匍匐筋骨草

学名：*Ajuga reptans* Linn.

科属：唇形科筋骨草属。

形态特征：多年生草本。叶对生，叶片椭圆状卵圆形，纸质，绿色。轮伞花序6朵以上，密集呈顶生穗状花序，花淡红色或蓝色。花期4～5月份。

生长习性：喜阴湿环境。生于路旁、溪边、草坡和丘陵山地的阴湿处。

园林用途：植株低矮，冬季半常绿，早春叶片紫色，贴地生长，蓝紫色小花密集。可用于花境、花坛、岩石园等处，丛植和片植均宜。

适用地区：华中、华东、西南地区。

166. 羽叶薰衣草

学名：*Lavandula pinnata* Lundmark

科属：唇形科薰衣草属。

形态特征：多年生植物。叶片二回羽状深裂，叶对生。花深紫色，有深色纹路，上唇比下唇发达。花期5～6月份。

生长习性：耐热，略喜光，夏季需遮阴。半耐寒，冬季-5℃以下要加以防护。一般置于通风处，夏季处于室内或闷湿处有猝死的危险。

园林用途：叶奇特芳香，花形紧凑，颜色深紫。花境材料，庭园栽培及用于芳香疗法栽植。片植、丛植和盆栽均可。

适用地区：全国各地。

167. 法国薰衣草

学名：*Lavandula stoechas* L.

科属：唇形科薰衣草属。

形态特征：多年生草本或小矮灌木。叶互生，灰绿色或灰白色。穗状花序顶生，长30～100cm，唇形花冠，有蓝紫、深紫、粉红、白等色，常见的为蓝紫色。花期6～8月份。

生长习性：喜冷凉全光照气候，怕炎热酷暑。怕雨淋。

园林用途：花色艳丽，沁人心脾。花境材料，庭院栽培及用于芳香疗法栽植。

适用地区：全国各地。

168. 天蓝鼠尾草

学名：*Salvia uliginosa* Benth.

科属：唇形科鼠尾草属。

形态特征：多年生草本。株高30～90cm。叶对生。花10个左右轮生，开于茎顶或叶腋，花紫色或青色，有时白色。花期5～8月份。

生长习性：喜温暖，抗寒，有较强的耐旱性。喜稍有遮阴和通风良好的环境，一般土壤均可生长，但喜排水良好的微碱性石灰质土壤。

园林用途：开蓝紫色至粉紫色花，株形姿态优雅随性。花境、花坛、庭院绿化材料。

适用地区：全国各地。

169. 深蓝鼠尾草

学名： *Salvia guaranitica* 'Black and Blue'

科属： 唇形科鼠尾草属。

形态特征： 多年生草本。株形可达1.5m以上，分枝多。叶对生，卵圆形。花腋生，深蓝色。花期6～10月份。

生长习性： 喜温暖和阳光充足的环境，我国长江以南地区可以露天越冬，冬季宿根休眠，不择土壤，但不耐涝，喜富含腐殖质、排水良好的沙质壤土。

园林用途： 花较大，深蓝色，纯正，具神秘感。花境、花坛、庭院、公园等的绿化好材料。丛植和片植均可。

适用地区： 长江流域及以南。

170. 凤梨鼠尾草

学名：*Salvia elegans*

科属：鼠尾草科鼠尾草属。

形态特征：多年生草本。高达50cm。叶卵形，翠绿色，叶边缘红色。顶生穗状花序，花冠红色，上唇直伸，近圆形，顶端微缺。花期9～11月份。

生长习性：性喜温暖向阳环境，适生温度15～30℃，喜肥沃沙质壤土。

园林用途：花红色艳丽，叶具有凤梨香味。用于布置花坛或花境，亦可丛植于草坪之中，能构成“万绿丛中一点红”的景观效果。

适用地区：长江流域及以南。

171. 墨西哥鼠尾草

学名：*Salvia leucantha* Cav.

科属：唇形科鼠尾草属。

形态特征：多年生草本。株高30～70cm。叶片披针形，对生，上具绒毛，有香气。轮伞花序，顶生，花具绒毛，白至紫色。花期8～11月份。

生长习性：喜光，也稍耐阴，适于温暖、湿润的环境。

园林用途：花叶俱美，花蓝紫色、毛茸茸的花穗随风摇曳，别有一番情趣。花境材料，适宜公园、风景区林缘坡地、草坪一隅及湖畔河岸布置。还可用作盆栽和切花。

适用地区：长江流域及以南。

172. 草地鼠尾草

学名：*Salvia pratensis* L.

科属：唇形科鼠尾草属。

形态特征：多年生草本。株高60～90cm，茎直立，少分枝，全株被柔毛。叶对生。总状花序，小花6朵轮生，花冠亮蓝色，偶有红色或白色。花期6～7月份。

生长习性：性耐寒，喜光亦耐半阴。忌干热。在肥沃、深厚、排水良好的土壤上生长良好。

园林用途：株丛秀丽，花期恰逢开花淡季，花色素雅清新。花境材料，成丛或成片点缀林缘、路边、篱笆。蓝色花是多年生花坛配景、配色常用的材料。

适用地区：全国各地。

173. 蓝花鼠尾草

学名： *Salvia farinacea* Benth.

科属： 唇形科鼠尾草属。

形态特征： 多年生草本。高度30 ~ 60cm，植株呈丛生状。叶对生，长椭圆形，长3 ~ 5cm。穗状花序，花小紫色，花量大。花期5 ~ 7月份。

生长习性： 喜温暖、湿润和阳光充足环境，耐寒性强，怕炎热、干燥。宜在疏松、肥沃且排水良好的沙壤土中生长。

园林用途： 花小紫色，花量大，花期长。适用于花坛、花境和园林景点的布置。也可点缀岩石旁、林缘空隙地，显得幽静。摆放自然建筑物前和小庭院，更显典雅清幽。

适用地区： 全国各地。

174. 丹参

学名：*Salvia miltiorrhiza* Bunge

科属：唇形科鼠尾草属。

形态特征：多年生直立草本。奇数羽状复叶。顶生或腋生总状花序，花冠紫蓝色，花柱远外伸。花期4～8月份。

生长习性：喜温暖湿润环境，喜半阴，喜土层深厚肥沃土壤。

园林用途：花大，花形奇特，花色紫红，艳丽夺目。花境材料，可应用于药草园、岩石园等处。丛植和片植均佳。

适用地区：华北、华东、华中、西南地区。

175. 超级鼠尾草

学名：*Salvia* × *superba*

科属：唇形科鼠尾草属。

形态特征：多年生草本。高30～50cm。单数羽状复叶。花序直立，顶生，花色淡紫色到紫红色。花期4～5月份。

生长习性：喜温暖湿润环境，喜半阴，喜土层深厚肥沃土壤。

园林用途：叶片大，略皱缩，浓绿色，花色深紫，充满神秘感。适用于花境和花坛。可定植于路边、林缘、水边等处。

适用地区：华北、华东、华中、西南地区。

176. 朱唇

学名：*Salvia coccinea* L.

科属：唇形科鼠尾草属。

形态特征：多年生草本。高约30cm，茎直立分枝。花色白、红、粉红等，色彩较多，不同品种花期不同。花期5～10月份。

生长习性：喜温暖湿润气候，不耐旱，略耐热，半阴和全光照均生长良好。

园林用途：花色娇艳，花形奇特，色系丰富。花境材料，应用于各类绿地，以丛植和片植为宜。

适用地区：华北、华东、华中、西南地区。

177. 韩信草

学名： *Scutellaria indica* L.

科属： 唇形科黄芩属。

形态特征： 多年生草本。茎上升直立，四棱形，通常带暗紫色。叶片心状卵圆形或圆状卵圆形至椭圆形。总状花序，花对生，花冠蓝紫色。花期4月份。

生长习性： 喜湿润、荫蔽或部分遮阴的环境条件，对土壤要求不严，以疏松肥沃的沙质壤土为宜。

园林用途： 植株小巧纤秀，花偏向一侧，淡紫色至蓝紫色，优雅别致。花境材料，用于岩石园、药草园等处。

适用地区： 全国各地。

178. 半枝莲

学名：*Scutellaria barbata* D. Don

科属：唇形科黄芩属。

形态特征：多年生草本。高12～35cm，茎直立。花单生于茎或分枝上部叶腋内，花冠紫蓝色。花果期4～7月份。

生长习性：喜温暖、湿润气候及半阴的环境。对土壤要求不严。

园林用途：丛生密集，花繁艳丽，花期长。花境材料，可用于草坡、路边和岩石旁。

适用地区：东北南部至华南地区。

179. 金疮小草

学名：*Ajuga decumbens* Thunb.

科属：唇形科筋骨草属。

形态特征：多年生草本。高20cm左右，茎直立，密被灰白色绵毛状长柔毛，幼嫩部分尤密。轮伞花序至顶端呈一密集的穗状聚伞花序，花冠蓝紫色或蓝色，筒状。花期4～5月份，果期5～6月份。

生长习性：性喜半阴和湿润气候，在酸性、中性土壤中生长良好，耐涝、耐旱、耐阴也耐暴晒，抗逆性强，长势强健。

园林用途：常绿，株形紧凑，花期长，秋季霜后叶色变红，匍匐性强，观赏效果好。花境材料，可成片种植于林下、湿地等处。

适用地区：长江流域及以南地区。

180. 花叶薄荷

学名：*Mantha rotundifolia*'Variegata'

科属：唇形科薄荷属。

形态特征：常绿多年生草本。株高40cm左右，芳香植株。叶对生，椭圆形至圆形，叶色深绿，叶缘有较宽的乳白色斑。花粉红色，花期7～9月份。

生长习性：适应性较强，喜湿润，耐寒，生长最适温度20～30℃，属长日照植物。性喜阳光充足，现蕾开花期要求日照充足和干燥天气，喜中性pH值为6.5～7.5的含腐殖质沙壤土。

园林用途：常绿花叶，观叶、观花，具芳香性，是优良的彩叶观赏地被植物。花境材料，可以片植于林缘，庭院绿化应用或盆栽观赏。

适用地区：全国各地。

181. 美国薄荷

学名：*Monarda didyma* L.

科属：唇形科薄荷属。

形态特征：多年生草本。株高100cm左右，四棱形。叶对生，卵形或卵状披针形。花朵密集于茎顶，花冠长5cm，花簇生于茎顶，花冠管状，淡紫红色。花期6 ～ 7月份。

生长习性：性喜凉爽、湿润、向阳的环境，亦耐半阴。适应性强，不择土壤。耐寒，耐旱，忌过于干燥。在排水良好的肥沃土壤中生长良好。

园林用途：株丛繁盛，枝叶芳香，花色鲜丽，花期长久，花开于夏秋之际，十分引人注目。是良好的芳香、观花地被植物。布置花境、花坛，适宜栽植在天然花园中或栽种于林下、水边，也可以丛植或行植在水池、溪旁作背景材料，或片植于林缘作地被植物。也可以盆栽观赏和用于鲜切花，美化、装饰环境。

适用地区：全国各地。

182. 薄荷

学名：*Mentha haplocalyx* Briq.

科属：唇形科薄荷属。

形态特征：多年生草本。茎直立，高30～100cm，茎四棱。叶片长圆状披针形，稀长圆形。轮伞花序腋生，花色白、淡紫和紫红。花果期8～11月份。

生长习性：喜光也耐半阴，耐寒，耐湿。多生长在山谷、溪边草丛或水旁湿处。

园林用途：芳香植物，观叶、观花，花冠青紫色、红色或白色，是很好的芳香观赏地被植物。布置花境、庭院或片植于林缘，多用于芳香花园。

适用地区：全国各地。

183.假龙头花（随意草）

学名：*Physostegia virginiana* Benth.

科属：唇形科假龙头花属。

形态特征：多年生宿根草本。株高60～120cm。叶对生，披针形。穗状花序聚成圆锥花序状，顶生，小花玫瑰紫色或白色。花期夏季。

生长习性：喜温暖，耐寒性较强。喜阳光充足的环境，但不耐强光暴晒，生长适温18～28℃。荫蔽处植株易徒长，开花不良。宜疏松、肥沃和排水良好的沙质壤土。喜湿润，不耐旱。

园林用途：株态挺拔，叶秀花艳，造型别致，有白、粉色、深桃红、红、玫红、雪青、紫红或斑叶变种。花境材料，用于花坛、草地，可成片种植，也可盆栽。

适用地区：长江流域地区。

184. 绵毛水苏

学名： *Stachys lanata* K. Koch ex Scheele

科属： 唇形科水苏属。

形态特征： 多年生宿根草本。株高30～50cm，全株被白色长绵毛。叶质柔绒，绿白色。轮伞花序，花小，紫红色。花期6～7月份。

生长习性： 喜高温和阳光充足的环境，耐旱，耐热，较耐寒，稍耐阴，不耐湿。喜欢排水良好的土壤。

园林用途： 叶片大，灰绿色，株丛整齐，花色艳丽。布置花境、花坛、岩石园或草坪中片植作色块，也可种植于林下作地被植物及庭园栽培观赏。

适用地区： 全国各地。

185. 夏枯草

学名：*Prunella vulgaris* L.

科属：唇形科夏枯草属。

形态特征：多年生草本。匍匐根茎，茎高达30cm。花紫色。花期4～6月份，果期7～10月份。

生长习性：喜温暖湿润的环境。能耐寒，适应性强，但以阳光充足、排水良好的沙质壤土更为好。

园林用途：观花、观叶地被植物。布置花境、花坛、空闲地，也可以片植于驳岸边坡，开花时节野趣雅致。

适用地区：华北、华东、华中、西南地区。

186. 活血丹

学名：*Glechoma longituba* (Nakai) Kupr

科属：唇形科活血丹属。

形态特征：多年生草本。具匍匐茎。茎高10～20cm。叶草质，下部较小，叶片心形或近肾形。轮伞花序通常2朵，花色粉红或紫红。花期4～5月份，果期5～6月份。

生长习性：喜温暖湿润的环境，较耐寒。常生于林缘、疏林下、草地边、溪边等阴湿处。

园林用途：叶形优美，生长迅速，覆盖地面效果好。花淡蓝色或淡紫色，奇特优雅。花境材料，可用作封闭观赏草坪，也可种植于建筑物阴面或作林下耐阴湿地被植物。

适用地区：全国各地。

187. 花叶活血丹

学名：*Glechoma hederacea* 'Variegata '

科属：唇形科活血丹属。

形态特征：多年生草本。枝条细。叶小肾形，叶缘具白色斑块，冬季经霜变微红。

生长习性：速生。耐阴，喜湿润，较耐寒。

园林用途：叶形优美，具银边，可以作为彩叶观赏地被植物应用。花境材料，作为疏林下地被植物应用。

适用地区：全国各地。

188. 藿香

学名：*Agastache rugosa* (Fisch. et Mey.) O. Ktze.

科属：唇形科藿香属。

形态特征：多年生草本。高0.5～1.5m，茎直立，粗达7～8mm。叶心状卵形至长圆状披针形。花冠淡紫蓝色。花期6～9月份，果期9～11月份。

生长习性：喜高温、潮湿、阳光充足环境。对土壤要求不严。

园林用途：植株高大，花淡紫色，穗状花序顶生，优雅华贵。用于花境、池畔、庭院、疏林和草地边缘片植。

适用地区：全国各地。

189. 橙花糙苏

学名：*Phlomis fruticosa* L.

科属：唇形科糙苏属。

形态特征：多年生草本。高40～80cm。叶卵形，上面灰绿色，具皱纹，密被单毛及星状疏柔毛，下面因密被星状绒毛而呈灰白色。轮伞花序1～2个生于茎顶部，具10～15朵，花橙黄色。花期6～8月份。

生长习性：喜温暖湿润气候，耐旱，耐寒，怕水湿。

园林用途：叶形奇特，呈灰绿色，花大，橙黄色，十分艳丽。花境、花坛、岩石园等处种植，丛植和片植均可。

适用地区：华东地区。

190. 千屈菜

学名：*Lythrum salicaria* L.

科属：千屈菜科千屈菜属。

形态特征：多年生草本。茎直立。叶对生或三叶轮生。花组成小聚伞花序，簇生，花红紫色或淡紫色。花期6～10月份。

生长习性：喜强光，耐寒性强，喜水湿，对土壤要求不严，在深厚、富含腐殖质的土壤中生长更好。

园林用途：姿态娟秀整齐，花色鲜丽醒目。花境材料，成片布置于湖岸河旁的浅水处。其花期长，色彩艳丽，片植具有很强的渲染力，盆植效果亦佳，与荷花、睡莲等水生花卉配植极具烘托效果，是极好的水景园林造景植物。

适用地区：全国各地。

191. 萼距花（细叶萼距花）

学名：*Cuphea hookeriana* Walp.

科属：千屈菜科萼距花属。

形态特征：多年生直立小灌木，植株高30～60cm。叶对生，长卵形或椭圆形。花单生叶腋，花瓣6，紫红色。花期5～10月份。

生长习性：喜高温。稍耐阴，不耐寒，在0℃以下常受冻害，耐贫瘠。

园林用途：植株低矮，长势整齐，花期集中，株形紧凑，花色艳丽。只要管理得当，可以达到一次种植多年观赏的效果，是组建花篱的优良材料。花境、花坛及庭院绿化的好材料。

适用地区：长江流域及以南地区。

192. 红车轴草

学名：*Trifolium pratense* L.

科属：豆科车轴草属。

形态特征：多年生草本。掌状三出复叶，小叶卵状椭圆形至倒卵形，叶面上常有V字形白斑。花序球状或卵状，顶生，花冠紫红色至淡红色。花期5～8月份。

生长习性：喜凉爽湿润气候，夏天不过于炎热、冬天不十分寒冷的地区最适宜生长。在中性、排水良好、土质肥沃的壤土中生长最佳。

园林用途：植株低矮，花色粉红，叶片雅致。常用于花坛镶边或布置花境、草坪、庭园绿化，在江堤湖岸的固土护坡绿化中，可与其他类型的草混播、单播，既能赏花观叶，又能覆盖地面，效果好。

适用地区：全国各地。

193. 澳洲蓝豆

学名：*Baptisia australis*

科属：豆科赝靛属。

形态特征：多年生草本。高50～100cm，茎直立。羽状复叶。花蝶形,蓝色。花期4～5月份。

生长习性：喜冷凉、排水良好、通风、阳光充足的地方，忌闷热潮湿环境。

园林用途：花蝶形,蓝色，充满神秘色彩。花境、花坛或路边种植。

适用地区：华东地区。

194. 聚合草

学名：*Symphytum officinale* L.

科属：紫草科聚合草属。

形态特征：多年生草本。高30～90cm。花冠长14～15mm，淡紫色、紫红色至黄白色。花期5～10月份。

生长习性：既耐寒又抗高温，不受地域限制。对土壤无严格要求，除盐碱地、瘠薄地以及排水不良的低洼地外，一般土壤均可种植。

园林用途：花朵色彩丰富多变，从基部至花瓣由淡紫到淡黄、黄白色，盛开时繁花似锦，美丽异常。花境及庭园植物，也可用于地被和盆栽。

适用地区：全国各地。

195. 梓木草

学名：*Lithospermum zollingeri* DC.

科属：紫草科紫草属。

形态特征：多年生匍匐草本。高5～25cm，茎直立。花序长2～5cm，有花1至数朵，苞片叶状。花冠蓝色或蓝紫色，长1.5～1.8cm。花期4～5月份。

生长习性：喜温暖湿润气候，喜林下半阴的生长环境，喜深厚肥沃土壤。

园林用途：花色蓝紫，绿叶衬托下，耀眼夺目。花境材料，可于疏林下、荫蔽的岩石旁进行配置，丛植或片植最佳。

适用地区：甘肃、陕西及华东、西南地区。

196. 金叶甘薯

学名：*Ipomoea batatus* ‘Golden Summer’

科属：旋花科番薯属。

形态特征：多年生草本。叶片较大，犁头形，全植株终年呈鹅黄色，生长茂盛。花小，花期8～9月份。

生长习性：有良好的下垂生长习性，耐热性好，盛夏生长迅速，不耐寒。

园林用途：叶片金黄，观赏期长，美观雅致。花境、岸坡及花坛进行色块布置,尤宜与绿色地被、花卉等配置，也可盆栽悬吊观赏。

适用地区：全国各地。

197. 马蹄金

学名：*Dichondra repens* Forst.

科属：旋花科马蹄金属。

形态特征：多年生匍匐小草本。茎细长，节上生根。叶肾形至圆形，全缘，具长的叶柄。花单生于叶腋，花冠钟状，黄色。花期7～9月份。

生长习性：性喜温暖湿润气候，适应性强，竞争力和侵占性强，生命力旺盛，且具有一定的耐践踏能力。对土壤要求不严格。

园林用途：四季常绿，植株低矮致密，抗逆性强，为优良耐阴湿观叶地被植物。可以作花境、花坛的底色植物或作大面积草坪种植，庭院绿化、护坡固土等。

适用地区：长江流域及以南地区。

198. 蓝花草（翠芦莉）

学名：*Ruellia brittoniana* Leonard

科属：爵床科芦莉草属。

形态特征：多年生草本。单叶对生，线状披针形，暗绿色。花腋生，花径3～5cm，花冠漏斗状，多蓝紫色，少数粉色或白色。花期3～10月份。

生长习性：耐旱和耐湿能力均较强。喜高温，耐酷暑，生长适温22～30℃。不择土壤，耐贫瘠，耐轻度盐碱。对光照要求不严。

园林用途：花期持久，其优雅的蓝紫色与常见花卉相比易引人注目。花境布置，与其他花卉形成自然式的斑块混交，可表现花卉的自然美以及不同种类植物组合形成的群落美。

适用地区：长江流域及以南地区。

199. 蛤蟆花（莨力花）

学名：*Acanthus mollis*

科属：爵床科老鼠簕属。

形态特征：多年生草本。株高40～180cm，包括花序最高可达2m。基部叶深裂，深绿，宽25～40cm。穗状花序长30～40cm，生花多达120朵，筒状花两性，白色或淡紫色。花期5～8月份，果期10～11月份。

生长习性：喜肥沃、疏松、排水良好的中性至微酸性土壤。生长适宜温度15～28℃。全日照、半日照均可。

园林用途：常绿，叶、花形奇特。花境、花坛、庭院等处栽培，丛植和片植均可。

适用地区：长江流域及以南地区。

200. 九头狮子草

学名：*Peristrophe japonica* (Thunb.) Bremek.

科属：爵床科观音草属。

形态特征：多年生草本。高达60cm左右。茎直立，节稍膨大。叶对生。聚伞花顶生或腋生于上部叶腋，花冠淡红紫色，二唇形。花期7～10月份，果期8～11月份。

生长习性：耐阴湿。不择土壤。多生长于阴湿的溪边、路边、林荫处。

园林用途：叶及茎秆碧绿，小花紫红，耀眼夺目。花境材料，片植用作林下耐阴湿地被植物，根系十分发达，也可以种植于驳岸边坡作护坡。

适用地区：长江流域及以南地区。

二、花灌木、小乔木花境植物

201. 月季

学名：*Rosa chinensis* Jacq.

科属：蔷薇科蔷薇属。

形态特征：常绿、半常绿低矮灌木，四季开花，一般为红色或粉色，偶有白色和黄色。花期8月份到次年4月份，花大型，由内向外，呈发散型，有浓郁香气。

生长习性：适应性强，喜阳光充足，耐寒。

园林用途：花色丰富，鲜艳夺目，观赏价值极高。适用于美化庭院、装点园林，布置花坛、花境，配植花篱、花架等。

适用地区：东北南部至华南。

202. 玫瑰

学名：*Rosa rugosa* Thunb.

科属：蔷薇科蔷薇属。

形态特征：落叶灌木，枝杈多针刺，花瓣倒卵形，重瓣至半重瓣，花有紫红色、白色，芳香，果扁球形。枝条较为柔软且多密刺，每年花期只有一次。花期5～6月份，果期8～9月份。

生长习性：喜阳光充足，耐寒，耐旱，喜排水良好、疏松肥沃的壤土或轻壤土。

园林用途：花艳，极具芳香，是优良的芳香花卉。适用于城市、街道、庭园绿化，可作花篱、花境、花坛及百花园材料。

适用地区：东北以外全国各地。

203. 笑靥花（单瓣李叶绣线菊）

学名：*Spiraea prunifolia* Sieb. et Zucc.

科属：蔷薇科绣线菊属。

形态特征：灌木，高达3m；小枝细长，叶片卵形至长圆披针形，先端急尖，伞形花序具花3～6朵，基部着生数枚小型叶片；花重瓣，白色，花期3～5月份。

生长习性：喜温暖湿润气候，较耐寒，适应性强。

园林用途：枝条柔软，伸展，弯曲呈拱形，开花时繁花点点，繁密似雪，非常美丽。适宜于花境中作焦点植物孤植或丛植，也可丛植于池畔、山坡、路旁等，或在草坪角隅应用。

适用地区：长江流域及以南地区。

204. 平枝栒子

学名：*Cotoneaster horizontalis* Dcne.

科属：蔷薇科栒子属。

形态特征：落叶或半常绿匍匐灌木，枝水平张开呈整齐2列，宛如蜈蚣，故也叫铺地蜈蚣。花粉红色，果实鲜红色。花期5～6月份，果期9～10月份。

生长习性：喜阳光和温暖的环境，稍耐寒，耐瘠薄，适应性强，耐修剪，萌发力强。

园林用途：枝叶平展，叶色浓绿，花期粉色小花星星点点，秋季红果满枝，11月下旬叶色也转变成红色，是花、叶、果俱佳的观赏小灌木。适用于花坛、花境及地被植物，或者岩石园配植，也是制作盆景的好材料。

适用地区：华北、华东地区。

205. 火棘

学名：*Pyracantha fortuneana* (Maxim) *Li*

科属：蔷薇科火棘属。

形态特征：常绿灌木或小乔木，高可达3m，花白色，果实为红色。花期3～5月份，果期8～11月份。

生长习性：抗干旱，较耐寒，对土壤要求不严。

园林用途：四季常绿，枝叶繁茂，春季观花，夏季观果，是优良的观花及秋冬观果灌木。适宜于园林绿化、地被及花境背景植物。

适用地区：长江流域及以南。

206. 小丑火棘

学名：*Pyracantha fortuneana* ‘Harlequin’

科属：蔷薇科火棘属。

形态特征：小灌木，在南方为常绿植物，在北方为半常绿植物。植株较矮小，枝叶茂盛，其叶片在春、夏生长季节为绿白相间的花色，酷似小丑花脸，冬季叶色变红，花白色，花期3～5月份，果期8～11月份。

生长习性：耐寒，耐旱，生长快，耐修剪，抗污染，适应性强。

园林用途：枝叶繁茂，初夏白花繁密，叶色绿白相间，秋季红果累累，挂果时间长，冬季叶色变红，是优良的花、叶、果俱佳的观赏植物。可用作地被植物、绿篱植物、色块植物及花境搭配植物。

适用地区：长江流域及以南。

207.红叶石楠

学名：*Photinia* × *fraseri* Dress

科属：蔷薇科石楠属。

形态特征：常绿小乔木，高达12m，株形紧凑，叶革质，新叶亮红色，仲夏至夏末开白色小花，花多而密，复伞房花序。浆果红色。花期5～7月份，果期9～10月份。

生长习性：喜光，稍耐阴，喜温暖湿润气候，耐干旱瘠薄，不耐水湿，耐寒性强，生长迅速，耐修剪。

园林用途：春秋两季，新梢和嫩叶火红，色彩艳丽持久，极具生机。夏季叶片亮绿，郁郁葱葱。适宜于绿篱、道路两旁及大面积色块种植，可用于花境景观布置。

适用地区：华北、华东、华南地区。

208. 珍珠绣线菊（喷雪花）

学名：*Spiraea thunbergii* Bl.

科属：蔷薇科绣线菊属。

形态特征：落叶灌木，高达1.5m；枝条细长开张，呈弧形弯曲，伞形花序，花3～7朵，花白色，花朵密集，花期4～5月份；果期7月份。

生长习性：喜光，不耐荫蔽，耐寒，耐旱，喜欢湿润、排水良好的土壤。

园林用途：花期很早，初春开放，花朵密集如积雪，故又称喷雪花。叶片薄细如鸟羽，秋季转变为橘红色，甚为美丽，极具观赏价值。适宜于园林、庭园造景，布置广场或者绿化、小品、花境种植，也可用作绿篱。

适用地区：华东、华北地区。

209. 金焰绣线菊

学名：*Spiraea x bumalda* 'Gold Flame'

科属：蔷薇科绣线菊属。

形态特征：落叶小灌木，单叶互生，花粉色到玫瑰红色，花序大，10～35朵会聚成伞形花序，直径10～20cm，叶的颜色有着丰富的季节变化，有很高的观赏价值。花期6～9月份。

生长习性：喜光，耐寒，也耐阴，喜湿润环境。

园林用途：花期长，花色艳丽，叶色也随着季节变化，春天黄红色，夏天绿色，秋天紫红色，冬天则是玫瑰色，非常鲜艳靓丽。适宜于园林造型、花坛布景、绿篱栽植等。

适用地区：东北南部至华南地区。

210. 金山绣线菊

学名：*Spiraea japonica* 'Gold Mound'

科属：蔷薇科绣线菊属。

形态特征：落叶小灌木，植株较矮小，高仅25 ～ 35cm，株形丰满呈半圆形，好似一座小小金山，故名金山绣线菊。新生小叶是明亮的金黄色，夏叶浅绿色，秋叶金黄色。花浅粉红色，花序直径4 ～ 8cm，花期6月中旬～ 8月上旬。

生长习性：喜光，喜温暖湿润环境，耐热，耐寒，适应性强。

园林用途：叶色富于变化，丰富多彩，花色艳丽，植株矮小，是优良的地被观花、观叶植物。适宜作观花地被，也可与其他植物构建色块，搭配模纹，也可用作花境和花坛植物。

适用地区：东北南部至华南北部。

211. 粉花绣线菊

学名：*Spiraea japonica*

科属：蔷薇科绣线菊属。

形态特征：落叶小灌木，叶片卵形至卵状椭圆形，边缘有锯齿。复伞状花序，花密集，花瓣粉红色。花期6～7月份，果期8～9月份。

生长习性：喜光，耐寒，耐旱，耐贫瘠，抗病虫害，适应性强。

园林用途：花色艳丽，开花量大，是优良的观花灌木。适宜用作观花地被植物、园林绿化，也可用作花篱、花境及花坛植物。

适用地区：东北南部至华南北部。

212. 金叶风箱果

学名：*Physocarpus opulifolius* 'luteus'

科属：蔷薇科风箱果属。

形态特征：落叶灌木。枝条黄绿色，老枝褐色，叶片生长期金黄色，三角状卵形，缘有锯齿。花白色，顶生伞形总状花序。果实膨大呈卵形，果外光滑，果在夏末呈红色，花期5～6月份。果期7～8月份。

生长习性：喜光，耐寒，耐瘠薄，耐阴，适应性强。

园林用途：叶色金黄，花序大，花色洁白，果实鲜红，是花、叶、果俱佳的观赏灌木。适宜城市绿化、庭院观赏，也可用于绿篱、花坛、花境布置。

适用地区：东北、华北地区。

213. 垂丝海棠

学名： *Malus halliana* Koehne

科属： 蔷薇科木瓜属。

形态特征： 落叶小乔木，小枝淡绿褐色，无毛，叶缘具锯齿，伞形花序，花粉红色，花梗长，下垂，果实梨形或倒卵形，略带紫色，花期3～4月份，果期9～10月份。

生长习性： 喜光，不耐阴，喜温暖湿润环境，不甚耐寒，对土壤要求不严。

园林用途： 树形美观，枝叶繁茂，花朵美丽娇艳，秋末亦可观果，是优良的观花、观果植物。适宜城市绿化及庭园布置，亦可用作花坛、花境中心树点缀。

适用地区： 华东地区。

214. 皱皮木瓜（贴梗海棠）

学名：*Chaenomeles speciosa* (Sweet) Nakai

科属：蔷薇科木瓜属。

形态特征：落叶灌木，高达2m，枝条直立开展，有刺；单叶互生，托叶大，花3朵至5朵簇生于2年生老枝上，花梗极短，花朵紧贴在枝干上，花色有猩红、橘红、粉红或白色，花瓣5片，梨果卵形或球形，黄色而有香气。花期3～4月份，果熟期9～10月份。

生长习性：适应性强，耐寒，耐贫瘠，喜光，也耐半阴，对土壤要求不严。

园林用途：树形美丽，花朵艳丽，花色丰富，有重瓣、半重瓣品种，是优良的观花灌木。适宜单株布置花境或点缀花坛，也可密植用作花篱。

适用地区：华东、华中地区。

215. 西府海棠

学名： *Malus* × *micromalus* Makino

科属： 蔷薇科苹果属。

形态特征： 落叶小乔木，小枝圆柱形，直立，叶椭圆形，边缘有锯齿，花较大，花瓣卵形，基部具短爪，4～7朵成簇向上，花白色，初开时粉色至红色。果实球形黄色。花期4～5月份，果期9月份。

生长习性： 喜向阳、肥沃湿润环境，耐寒，怕旱，怕涝，对土壤要求不严。

园林用途： 花蕾红艳，开后渐变粉色后白色，有清香，花朵较大，明媚动人，极具观赏价值。适宜庭园观赏、园林绿化、花境作中心树配置。

适用地区： 长江流域及以南地区。

216. 重瓣棣棠

学名：*Kerria japonica* (L.) DC. f. pleniflora (Witte) Rehd.

科属：蔷薇科棣棠花属。

形态特征：落叶灌木，小枝绿色，圆柱形，常拱垂，叶三角状卵形，边缘有锯齿，花金黄色，重瓣，瘦果褐黑色，花期4～5月份，果期6～8月份。

生长习性：喜温暖湿润和半阴环境，耐寒性较差，对土壤要求不严。

园林用途：枝叶翠绿，细柔多姿，花色艳丽，是优良的观花灌木。适宜庭院、院墙边种植，也可用于花篱、花境、花丛，或大片景观种植。

适用地区：华北至华南地区。

217. 迷迭香

学名：*Rosmarinus officinalis* Linn

科属：唇形科迷迭香属。

形态特征：常绿灌木，温带香草植物，叶灰绿，狭尖细状，叶片散发松树香味，总状花序，花色有白、蓝、粉、红、淡紫等色。花期4～6月份。

生长习性：喜日照充足、凉爽干燥的环境，较耐旱。适宜栽植于富含沙质、排水良好的土壤。

园林用途：四季常绿，花色丰富，有淡淡的松香味，是芳香花卉园的重要观赏植物。适用于花境，美化庭园，尤其是香草花园布置。

适用地区：山东及长江流域及以南地区。

218. 水果蓝

学名：*Teucrium fruticans* L.

科属：唇形科石蚕属。

形态特征：常绿小灌木，小枝四棱形，全株被白色绒毛，叶片全年淡蓝灰色，花淡紫色，花期4～5月份。

生长习性：耐热，耐旱，适应性强，对土壤要求不严。

园林用途：全年叶色蓝灰色，与其他植物形成鲜明对比，花量大，花淡紫色，花形奇特，是优良的花境植物。适宜庭园造景及花境布置，因其萌蘖性强、耐修剪，也可用作地被及矮绿篱。

适用地区：全国各地。

219. 接骨木

学名：*Sambucus williamsii* Hance

科属：忍冬科接骨木属。

形态特征：落叶灌木或小乔木，高5～6m；老枝淡红褐色，具明显的长椭圆形皮孔，髓部淡褐色。圆锥花序顶生，花蕾时粉红色，开后白色或淡黄色，果实红色。花期一般4～5月份，果熟期9～10月份。

生长习性：适应性强，对气候要求不严格，抗污染性强。

园林用途：生长迅速，一年生长即可形成高大背景，花色洁白，果色鲜红，极为壮观。适宜用作大型花境背景植物，或者墙边大片种植。

适用地区：东北至华南地区。

220. 西洋接骨木（金叶接骨木）

学名： *Sambucus nigra* L.

科属： 忍冬科接骨木属。

形态特征： 落叶灌木或小乔木，幼枝具纵条纹，二年生枝黄褐色，具明显凸起的圆形皮孔；髓部发达，白色。花冠黄白色，果实亮黑色。花期4～5月份，果熟期7～8月份。

生长习性： 适应性强，对气候要求不严格，抗污染性强。

园林用途： 生长迅速，花白色，果亮黑色，可用作园林、花境背景，或者花境后排植物应用。

适用地区： 东北至华南地区。

221. 金银木

学名：_Lonicera maackii (Rupr.)_ Maxim.

科属：忍冬科忍冬属。

形态特征：落叶灌木或小乔木，常丛生呈灌木状，株形圆满，高可达6m，花开之初为白色，后变为黄色，故得名“金银木”。浆果球形亮红色。花期4～6月份，果熟期9～10月份。

生长习性：喜光，耐半阴，耐旱，耐寒。喜湿润肥沃及深厚之土壤。

园林用途：金银木树势旺盛，枝叶丰满，初夏繁花满树，黄白间杂，芳香四溢，秋季红果点缀枝头，晶莹剔透，鲜艳夺目，而且挂果期长，经冬不凋，是良好的观赏灌木。适合园林中庭院、水滨、草坪栽培观赏，也可修剪成型用作花境焦点植物。

适用地区：全国各地。

222. 蓝叶忍冬

学名：*Lonicera korolkowii* Stapf

科属：忍冬科忍冬属。

形态特征：落叶灌木，树形向上，紧密。单叶对生，卵形或卵圆形，新叶嫩绿，老叶墨绿色泛蓝色。花胭脂红色，浆果亮红色，花期4～5月份，果期9～10月份。

生长习性：喜光，稍耐阴，耐寒性强，耐修剪。

园林用途：叶片蓝色秀美，花胭脂红色，浆果红色晶莹剔透，是花、叶、果俱佳的优良灌木。适宜庭园、公园等地种植，亦可用于绿篱栽植及花坛、花境布置。

适用地区：东北至长江流域。

223.亮叶忍冬

学名：*Lonicera ligustrina Wall. subsp. yunnanensis (Franch.)* Hsu et H. J. Wang

科属：忍冬科忍冬属。

形态特征：常绿灌木，株高可达2～3m，枝叶十分密集，小枝细长，横展生长，叶片革质,全缘，上面亮绿色，下面淡绿色。花腋生，花冠管状，淡黄色，具清香，浆果蓝紫色。花期4～6月份，果熟期9～10月份。

生长习性：萌芽力强，耐修剪；耐寒，耐高温；适应性强。

园林用途：四季常青，叶色亮绿，生长旺盛，观赏性佳。适用于花境布置及绿地、公园等路边片植绿化，也可用于地被绿化。

适用地区：西南及长江流域地区。

224. 毛核木

学名：*Symphoricarpos sinensis* Rehd.

科属：忍冬科毛核木属。

形态特征：落叶灌木，幼枝红褐色，枝条拱形较柔软，叶片椭圆形，顶生穗状花序，花小，白色，钟形，浆果圆形，紫红色，成串簇生在长条形枝条上，花期7～9月份，果期9～11月份。

生长习性：耐寒，耐热，耐贫瘠，病虫害少，萌枝力强，适应性强。

园林用途：果实颜色鲜艳，成串簇生于枝条，挂果时间长达4个月，是优良的观果灌木。适宜庭园、公园、小区等绿化栽植，亦可用于花境花坛景观布置。

适用地区：甘肃、陕西及西南地区。

225. 金叶大花六道木

学名：*Abelia grandiflora* Francis Mason

科属：忍冬科六道木属。

形态特征：常绿灌木，阳光下叶色金黄，圆锥状聚伞花序，花小，白里带粉，繁茂而芬芳，花期6～11月份。

生长习性：喜光，耐热，耐寒，对土壤的适应性较强，耐修剪。

园林用途：叶色金黄，枝叶繁茂，花量大，花期长，是少见的花朵多、花期长的夏秋观花、观叶灌木。适宜作花篱或者丛植于草坪及林下，也可用作花坛地被灌木或花境布置。

适用地区：华北至华南地区。

226. 金叶锦带

学名：_Weigela florida_ cv

科属：忍冬科锦带花属。

形态特征：落叶灌木。叶长椭圆形，整个生长季节金黄色。花漏斗状钟形，鲜红色，花期4～10月份。

生长习性：喜光，耐旱，耐寒，抗污染能力强，喜肥沃湿润、排水良好的土壤。

园林用途：叶色金黄，花色艳丽繁茂，花期长，是优良的观花灌木。适宜庭园、道路两旁绿化，可用于花篱、景观造景及花境布置。

适用地区：东北至长江流域。

227.红王子锦带

学名：*Weigela florida* 'Red Prince'

科属：忍冬科锦带花属。

形态特征：落叶灌木，枝条开张，叶椭圆形，绿色，花漏斗状钟形，鲜红色，花期4～10月份。

生长习性：喜光，耐旱，耐寒，抗污染能力强，喜肥沃湿润、排水良好的土壤。

园林用途：枝条修长，叶色翠绿，花色艳丽繁茂，灿如锦带，花期长，是优良的观花灌木。适宜庭园、道路两旁绿化，可用于花篱、景观造景及花境布置。

适用地区：东北至长江流域。

228. 花叶锦带

学名：_Weigela florida_ cv. Variegata

科属：忍冬科锦带花属。

形态特征：落叶灌木。植株紧密，单叶对生，椭圆形或卵圆形，叶缘为白色至黄色，花冠钟形，紫红至淡粉色，花期4～5月份。蒴果柱形，10月份成熟。

生长习性：喜光，较耐阴，耐旱，耐寒，怕积水，耐修剪。

园林用途：叶色及花色均艳丽多姿，花朵繁茂，是优良的观花、观叶灌木。适宜庭园绿化，可用于花篱、景观造景及花境布置。

适用地区：东北至长江流域。

229. 海仙花

学名：*Weigela coraeensis* Thunb.

科属：忍冬科锦带花属。

形态特征：落叶灌木，高可达2～5m，植株紧密，枝条较锦带花粗壮。叶片椭圆形，先端渐尖。花冠漏斗状，初时白色、淡红色，渐变成深红色或淡紫色；花期5～6月份。

生长习性：喜光，较耐阴，耐旱，耐寒，适应性强，怕积水，耐修剪。对土壤要求不严。

园林用途：枝叶茂密，花色艳丽，花期长，花朵繁多，极具观赏价值。适宜庭园绿化，也可用于景观造景及花境布置。

适用地区：东北至长江流域。

230. 绣球荚蒾

学名： *Viburnum macrocephalum* Fort.

科属： 忍冬科荚蒾属。

形态特征： 落叶或半常绿灌木，叶对生，纸质，夏季开花，花于枝顶集成聚伞花序，花初开带绿色，后转为白色，具清香，花期4～5月份。

生长习性： 喜光，略耐阴，喜温暖湿润气候，较耐寒。

园林用途： 花序球状白色，如绣球般，簇拥在绿叶中，极具观赏价值。适宜庭园及城市绿化，也可用作大型花坛或花境的中心树。

适用地区： 华东地区。

231. 雪球冰生溲疏

学名：*Deutzia crenata*'Nikko'

科属：虎耳草科溲疏属。

形态特征：落叶小灌木，枝条多且柔软，株形半球形，单叶对生，亮绿色，秋季变红色，圆锥花序，小花白色星形。花期4～5月份。

生长习性：喜光稍耐阴，喜排水良好土壤。

园林用途：株形紧凑呈半球形，开花繁茂，白色花朵密被整个树冠，形似雪球，极具观赏价值。适宜庭园、公园绿地种植，可用作地被及花境材料。

适用地区：长江流域地区。

232. 粉花溲疏

学名：*Deutzia crenata* f. plena

科属：虎耳草科溲疏属。

形态特征：落叶灌木，基部分枝多，树皮薄片状剥落，侧枝长伸易下垂。叶对生，叶形多变，圆锥花序，花白色，外面带红晕，花期5～6月份。

生长习性：喜光，稍耐阴，较耐寒，喜微酸性中性土壤。

园林用途：枝叶繁茂，初夏时节布满粉色花朵，极具观赏价值。适宜庭园及公园景观种植，也可用作花篱及花境材料。

适用地区：长江流域地区。

233. 大花山梅花

学名：*Philadelphus* 'Natchez'

科属：虎耳草科山梅花属。

形态特征：落叶灌木，高达1.5m，单叶对生，叶亮绿色，叶较一般山梅花宽大。花纯白色，单瓣，单生于枝顶，花大，花径达5～7cm。

生长习性：喜光，稍耐阴，较耐寒，耐干旱。

园林用途：花大美丽，洁白无瑕，花期春、秋各开一次，花期长，是优良的花灌木。适宜花坛、花境布置及庭园公园景观布置。

适用地区：华北、华东地区。

234. 圆锥绣球

学名：*Hydrangea paniculata* Sieb. et Zucc.

科属：虎耳草科绣球属。

形态特征：灌木或小乔木，枝暗红褐色或灰褐色，初时被疏柔毛，后变无毛，具凹条纹和圆形浅色皮孔。花期7～8月份，果期10～11月份。

生长习性：喜温暖湿润的半阴环境，不耐旱，不耐寒，喜肥，需水量较多，但忌水涝，适宜在排水良好的酸性土壤中生长。

园林用途：花白如雪，花序美丽，极具观赏价值。适宜庭园、公园观赏，城市绿化及花境用作中心树。

适用地区：长江流域地区。

235. 园艺八仙花

学名： *Hydrangea macrophylla cvs.*

科属： 虎耳草科八仙花属。

形态特征： 落叶灌木，小枝粗壮，皮孔明显，叶大，花大型，由许多不孕花组成顶生伞房花序，花色多变，园艺品种繁多，有红色、蓝色、粉色、白色、紫色等，有重瓣、单瓣等。花期6～8月份。

生长习性： 喜温暖、湿润和半阴环境，以疏松、肥沃和排水良好的沙质壤土为好。

园林用途： 花大而美丽，花色丰富，花型多样，令人赏心悦目，极具观赏价值。适宜公园绿地成片栽植形成景观，也可用于花坛、花境种植。

适用地区： 长江流域及以南地区。

236. 小叶蚊母树

学名：*Distylium buxifolium*

科属：金缕梅科蚊母树属

形态特征：常绿小灌木，嫩枝细，叶片革质，嫩梢及新发幼枝绿色或紫色、暗红色，后为深绿色，花期较长，花期2～5月份，花丝深红色，具极好的观赏效果。

生长习性：喜光耐阴，抗污染，适应性强，生长速度快，萌芽能力强，耐修剪。

园林用途：适应性强，树形紧凑，枝叶浓密，嫩叶颜色丰富，花多色艳，景观效果持久。在园林造景中，可广泛应用于道路隔离带绿化、花坛、花境绿化、庭院绿地等。也是理想的园林灌木地被新品种。

适用地区：长江中下游至华南地区。

237. 红花檵木

学名： *Loropetalum chinense* var. rubrum Yieh

科属： 金缕梅科檵木属。

形态特征： 常绿灌木或小乔木，树皮暗灰或浅灰褐色，嫩枝红褐色，叶革质，卵圆形，暗红色，花3～8朵簇生在总梗上呈顶生头状花序，花紫红色，花期3～4月份。

生长习性： 喜光，稍耐阴，耐寒，耐旱，萌芽力强，耐修剪，适应性强。

园林用途： 枝繁叶茂，新叶鲜红，花紫红色，开花时节满树红花，极具观赏价值。适宜修剪成球形，用作景观造型树种，广泛用于模纹花坛、色篱、花境、公园造景等。

适用地区： 长江中下游及以南地区。

238. 彩叶杞柳

学名：*Salix integra* 'Hakuro Nishiki'

科属：杨柳科柳属。

形态特征：落叶灌木，高1～3m，无明显主干，自然状态下呈灌丛状。树冠广展，新叶具乳白和粉红色斑，夏秋季叶片转绿色泛蓝，亦具很强的观赏性。

生长习性：喜光，耐寒，耐湿，生长势强，对土壤要求不严，冬末需强修剪。

园林用途：枝条柔软、舒展，随风摇摆，新叶艳丽，色彩丰富，令人迷醉，观赏价值极高。用于绿篱、河道及公路、铁路两侧的绿化美化，也用于公园、植物园的成片种植。

适用地区：华东地区。

239. 香港四照花

学名： *Dendrobenthamia hongkongensis* (Hemsl.) Hutch.

科属： 山茱萸科四照花属。

形态特征： 常绿乔木或灌木，高5～15m，树种主干通直，分枝密集，叶片繁茂，花大、花多、花苞片大而洁白，衬于光亮绿叶丛中，极为美丽，核果聚生成球形，红艳可爱。花期5～6月份，果期11～12月份。

生长习性： 须根发达，抗寒，抗旱，抗病虫害，且耐移植。

园林用途： 树冠饱满，树形优美；花大洁白，果实红色，冬季和早春全株红叶，极其壮观，极具观赏价值。适宜庭园及公园孤植或丛植，亦可用作大型花境焦点骨干树种。

适用地区： 华北至长江流域地区。

240. 花叶青木

学名：*Aucuba japonica* var. variegate

科属：山茱萸科桃叶珊瑚属。

形态特征：常绿灌木，丛生。叶两面油绿富有光泽，叶面有大小不等的黄色或淡黄色斑点，酷似洒金。花紫褐色，核果长圆形，红色。花期3～4月份，果期11月份。

生长习性：极耐阴，夏日阳光暴晒时会引起灼伤而焦叶。喜湿润、排水良好的肥沃土壤。不甚耐寒。对烟尘和大气污染的抗性强。

园林用途：枝叶繁茂，凌冬不凋，叶色亮绿且有黄色斑点，色彩丰富，是珍贵的耐阴灌木。适宜庭园、池畔及溪流林下，或作为树丛下层基调树种，可用于阴生花境的布置。

适用地区：长江流域地区。

241.红瑞木

学名：*Swida alba*

科属：山茱萸科梾木属。

形态特征：落叶灌木，树皮紫红色，老干暗红色，枝丫血红色。叶绿色，秋叶鲜红，花小，白色或淡黄色，核果长圆形，成熟时乳白色或蓝白色。花期6～7月份，果期8～10月份。

生长习性：喜光，喜温暖湿润环境，耐寒，耐修剪，喜肥。

园林用途：全年枝干呈红色，秋叶鲜红，小果洁白，落叶后枝干火红如珊瑚，引人注目，是少有的观茎植物。适宜园林造景，庭园、公园、草坪及水边绿化，可构成有特殊观赏价值的灌木花境。

适用地区：东北至华东地区。

242. 南天竹

学名：*Nandina domestica* Thunb.

科属：小檗科南天竹属。

形态特征：常绿小灌木，幼枝常为红色，老后呈灰色，花小白色具芳香，浆果鲜红色，花期3～6月份，果期5～11月份。

生长习性：喜温暖湿润的生长环境，耐阴，耐寒，养护较简单。对水分的要求不严，土壤以肥沃并且排水良好的沙质土壤为佳。

园林用途：植株优美，秋冬叶色变红，果实鲜艳，经久不落，是优良的赏叶、观果植物。适宜庭园、公园绿化，花境、花坛种植。

适用地区：长江流域及以南。

243. 火焰南天竹

学名：*Nandina domestica* 'Firepower'

科属：小檗科南天竹属。

形态特征：常绿灌木，叶片呈长椭圆形，与原种披针形叶有明显区别。幼叶及冬季叶亮红色至紫红色，初秋叶变红色，较南天竹红色叶深，变色期早。花小白色，浆果鲜红色，花期3～6月份，果期5～11月份。

生长习性：喜温暖湿润的生长环境，耐阴，耐寒，养护较简单。对水分的要求不严，土壤以肥沃并且排水良好的沙质土壤为佳。

园林用途：株形矮小，枝叶浓密，叶形优美，翠叶入冬成红色，红叶经霜不落，至隆冬初春红艳似火。适宜道路绿化带应用、庭园造景、花境布置。

适用地区：长江流域及以南地区。

244. 彩叶小檗

学名：*Berberis thunbergii* 'Aurea'

科属：小檗科小檗属。

形态特征：落叶灌木，幼枝红色有棱角，茎多刺，单叶互生，叶紫红色有斑纹，倒卵形，花序簇生，花黄色下垂，红色浆果长椭圆形。花期6～7月份，果期8～9月份。

生长习性：喜光，耐半阴，耐旱，耐寒，忌积水，萌芽力强，耐修剪。

园林用途：叶色艳丽，在强光照射下鲜艳可爱，是城市园林中不可多得的彩叶树种。适宜城市园林、公路两旁绿化，也可用作植物造景和花境材料。

适用地区：东北南部至华东地区。

245. 阔叶十大功劳

学名： *Mahonia bealei* (Fort.) Carr.

科属： 小檗科十大功劳属。

形态特征： 常绿灌木，叶长圆形，上面深绿色，叶脉显著，背面淡黄绿色，网脉隆起，总状花序簇生，花亮黄色，浆果倒卵形蓝黑色，微被白粉，花期3～5月份，果期5～8月份。

生长习性： 喜温暖湿润气候，耐阴，忌烈日暴晒，有一定的耐寒性。

园林用途： 四季常绿，树形雅致，枝叶奇特，花黄色，秀丽可爱，果实成熟后呈蓝紫色，观赏价值高。适宜园林绿化点缀、花境种植，庭院、园林围墙下作为基础绿化种植，也颇为美观。

适用地区： 长江流域及以南。

246. 单叶蔓荆

学名：*Vitex trifolia* L. var. simplicifolia Cham.

科属：马鞭草科牡荆属。

形态特征：落叶灌木，有香味；茎匍匐，节处常生不定根。小枝四棱形，单叶对生，圆锥花序顶生，花淡紫色或蓝紫色，核果近圆形，黑色。花期7月份，果期9～11月份。

生长习性：根系发达，耐寒，耐旱，耐瘠薄，喜光，匍匐茎着地部分生须根，能很快覆盖地面，抑制其他杂草生长。

园林用途：生长迅速，花紫色，夏季开花，是少有的夏季开花植物，植株芳香。是理想的护沙、护坡造林树种，也可用于园林造景、花境应用。

适用地区：华北、华东、华南地区。

247. 紫珠

学名： *Callicarpa bodinieri* Levl.

科属： 马鞭草科紫珠属。

形态特征： 落叶灌木，株高1.2～2m，小枝光滑，略带紫红色，聚伞花序腋生，花多数，花蕾紫色或粉红色，花朵有白、粉红、淡紫等色，果实球形，成熟后呈紫色，有光泽，花期6～7月份，果期8～11月份。

生长习性： 喜温喜湿，不耐干旱，但也忌涝，土壤以红黄壤土为好。

园林用途： 株形秀丽，花色绚丽，果实色彩鲜艳，珠圆玉润，犹如一颗颗紫色的珍珠，是一种既可观花又能赏果的优良花卉品种。适宜园林绿化、庭园、花境、花坛种植。

适用地区： 华东、中南、西南地区。

248. 穗花牡荆

学名： *Vitex agnus-castus* Linn.

科属： 马鞭草科牡荆属。

形态特征： 落叶灌木，高2～3m，小枝方形，叶对生，掌状5出复叶，花淡紫色，簇生成穗，果实球形，黄褐色至棕褐色。花期7～8月份。

生长习性： 喜光，耐阴，耐寒，亦耐热，适应性强，抗性强。

园林用途： 耐修剪，花期长，花序大而且呈蓝紫色，满树蓝花优雅清新，在少花酷热的夏季是不可多得的观赏花卉，极具观赏价值。适宜花境、庭园及道路两侧种植。

适用地区： 华东地区。

249. 金叶莸

学名：*Caryopteris clandonensis* 'Worcester Gold'

科属：马鞭草科莸属。

形态特征：小灌木，株高1.2m，冠幅1.0m。枝条圆柱形。单叶对生，叶面光滑，金黄色，聚伞花序，花蓝紫色，花期7～9月份。

生长习性：喜光，也耐半阴，耐旱，耐热，耐寒，在-20℃以上的地区能够安全露地越冬。

园林用途：花色淡雅、清香，花开于夏秋季节，花期长，叶色金黄优雅，尤其具有衬托色彩的效果，是优良的观花、观叶植物。适宜用于色块栽植，或与其他植物配植成各色图案，也可用于花境、庭园、地被栽植。

适用地区：华北地区。

250. 臭牡丹

学名：*Clerodendrum bungei* Steud.

科属：马鞭草科大青属。

形态特征：小灌木，高可达2m。叶宽卵形或卵形，花淡红色或红色、紫色，有臭味。核果，成熟后蓝紫色。花果期5～11月份。

生长习性：喜阳光充足和湿润环境，适应性强，耐寒，耐旱，也较耐阴，宜在肥沃、疏松的腐质土中生长。

园林用途：叶色浓绿，顶生紧密头状红花，花朵优美，花期长，是一种非常美丽的园林花卉。适宜栽植于坡地、林下或树丛旁，也可用作花境、地被植物。

适用地区：华北、西北、华东、西南地区。

251. 马樱丹（五色梅）

学名： *Lantana camara* L.

科属： 马鞭草科马缨丹属。

形态特征： 直立或蔓性灌木，茎枝四方形，单叶对生，揉烂后有强烈气味，多数小花密集成半球形头状花序，花冠筒状，黄色、橙黄色至深红色。果圆球形，全年开花。

生长习性： 喜光，喜温暖湿润气候，冬季过冬需5℃以上，南京地区室外需覆盖。

园林用途： 生长强健，花色丰富，鲜艳美丽，是优良的庭园观赏植物。适宜庭园丛植观赏及花境景观布置。

适用地区： 华南地区、南京地区（室外需覆盖）。

252. 假连翘

学名：*Duranta repens* Linn.

科属：马鞭草科假连翘属。

形态特征：常绿灌木，高1.5～3m；枝条有皮刺，叶对生，总状花序顶生或腋生，花蓝紫色，核果球形，熟时红黄色。花果期5～10月份，在南方地区基本上终年都能开花。

生长习性：喜光，喜温暖湿润气候，抗寒能力较低，遇5～6℃低温或短期霜冻，植株会受寒害。

园林用途：花期长，枝条下垂或平展，花色蓝紫色，清雅优美，常见栽培种还带有白色花边，酷似蕾丝花纹，非常美丽，所以也叫它"蕾丝金露花"，吸引许多的游客驻足观赏。在园林中适宜栽植作绿篱、花廊等，也可修剪成各种造型，或栽植于花坛、花境。

适用地区：华南地区，南京地区室外需覆盖。

253. 金钟花

学名：*Forsythia viridissima* Lindl.

科属：木犀科连翘属。

形态特征：落叶灌木，茎四棱形，直立，小枝黄绿色，皮孔明显，枝心具片状枝髓。单叶对生，叶片长椭圆形至披针形，花1～3朵着生于叶腋，黄绿色，萼片长达花冠筒中部，先叶开放；花期3～4月份，果期8～11月份。

生长习性：喜光照，也耐半阴，耐热，耐旱，适应性强，对土壤要求不严。

园林用途：先叶开花，开花时整株鲜黄，灿烂美丽，是优良的早春观赏植物。适宜丛植于草坪、墙隅、路边，也可用于庭园景观及花境布置。

适用地区：华东地区。

254. 金脉连翘（金叶连翘）

学名： *Forsyhia suspense* ‘Gold vein’

科属： 木犀科连翘属。

形态特征： 落叶灌木，丛生，枝条舒展、有皮孔且枝心中空，无枝髓，拱形下垂，单叶对生，有时三裂至三出复叶，卵形或椭圆状卵形，叶色嫩绿，叶脉为金黄色。花期4 ～ 5月份。

生长习性： 喜光，有一定耐阴性，耐寒，耐干旱瘠薄，怕涝，不择土壤。

园林用途： 整个生长季节叶片嫩绿色，叶脉金黄色，秀丽可爱，生机盎然，是优良的观叶植物。庭院彩叶树种，适宜花境、花坛及公园绿地。

适用地区： 东北南部至华南地区。

255. 美国金钟连翘（杂种连翘）

学名：*Forsythia supensa*

科属：木犀科连翘属。

形态特征：落叶灌木，枝条拱形，叶长椭圆形至卵状披针形，花色金黄，早春开花，花期3～4月份，生长旺盛，绿叶期长。

生长习性：喜光，耐旱，耐寒，适应性强，耐修剪。

园林用途：为金钟花和连翘的杂交种，早春时节先叶开花，满树金黄，色泽艳丽，枝条拱形，叶色翠绿，是优良的观叶、观花植物。可丛植于草坪、路缘、转角等，也适宜景观造型及花境种植。

适用地区：东北南部至华南地区。

256. 金叶女贞

学名：*Ligustrum vicaryi* Rehder

科属：木犀科女贞属。。

形态特征：落叶或半落叶灌木。枝繁叶茂，叶色金黄，尤其是春秋两季色泽更加璀璨，花小白色，核果阔椭圆形，紫黑色。花期6～7月份，果期10月份。

生长习性：适应性强，喜光，稍耐阴，耐寒能力较强，不耐高温高湿。

园林用途：生长季节叶色金黄，可与其他彩叶树种组成色块，形成强烈的色彩对比，极具观赏价值。适宜组成色块图案及建造绿篱，也可用于花坛、花境种植。

适用地区：华北、华东地区。

257. 金森女贞

学名：*Ligustrum japonicum*‘Howardii’

科属：木犀科女贞属。

形态特征：常绿灌木或小乔木，嫩叶呈鲜黄色，冬季叶片转金黄色，叶厚且具革质，具明亮光泽，观赏性能优于金叶女贞。花白色，果实紫色，花期6～7月份，果熟期10～11月份。

生长习性：抗性良，喜光，耐旱，耐寒，对土壤要求不严格。

园林用途：金叶期长，株形美观，是观叶、观花、观果兼有的优良植物。适宜片植或群植，也可作花篱、花境或与其他彩叶植物搭配色块。

适用地区：长江流域及以南地区。

258. 银姬小蜡

学名： *Ligustrum sinense* 'Variegatum'

科属： 木犀科女贞属。

形态特征： 常绿小乔木，老枝灰色，叶对生，叶缘镶有乳白色边环。花小白色，花期4～6月份。核果近球形，果期9～10月份。

生长习性： 适应性强，喜强光，极为耐寒，耐旱，耐瘠薄，耐修剪。

园林用途： 极耐修剪，灌木球紧凑，容易成型，是优良的彩叶植物。可修剪成地被色块、绿篱或球形，也适宜景观造型及花境种植。

适用地区： 华北至长江流域。

259. 浓香茉莉

学名：*Jasminum odoratissimum* Linn.

科属：木犀科素馨属。

形态特征：常绿灌木，枝条呈藤本状，羽状复叶，互生，小叶5～7枚，聚伞花序，花浓香，鲜黄色，花期5～6月份，果期10～11月份。

生长习性：喜光，耐半阴，耐旱，抗寒，适应性强。

园林用途：花色鲜黄，有浓郁香味。常作花篱或丛植于庭园，也可用于植物造景或花境栽植。

适用地区：长江流域及以南地区。

260. 红素馨

学名：*Jasminum beesianum* Forrest et Diels

科属：木犀科素馨属。

形态特征：常绿蔓状灌木，为中国特有植物。枝纤细，长条柔枝，匍匐蔓生，堆叠成丛，幼枝4棱形，有条纹。花极芳香，花冠红色至玫瑰紫色，近漏斗状。花期11月份至翌年6月份，果期6～11月份。

生长习性：暖温带树种，喜温暖无风环境，要求排水良好、湿润肥沃的土壤。不耐寒。

园林用途：植株优美，花色鲜艳，花形巧稚可爱，随风飘逸。适宜庭园门庭或窗前栽植、花境造景。

适用地区：西南及长江流域地区。

261. 花叶香桃木

学名：*Myrfus communis* 'Variegata'

科属：桃金娘科香桃木属。

形态特征：常绿灌木，小枝密集。叶革质，对生，叶片具金黄色条纹，有光泽，具香味，花腋生，花色洁白，花期为5月下旬至6月中旬。浆果黑紫色，果实成熟期为11 ～ 12月上旬。

生长习性：喜温暖、湿润气候，喜光，亦耐半阴，萌芽力强，耐修剪，病虫害少，适应中性至偏碱性土壤。

园林用途：生长繁茂，适应性强，全株常年金黄，色彩艳丽，叶形秀丽，是优良的新型彩叶花灌木。适宜庭园、公园、小区及高档居住区的绿地栽种，可与其他彩叶植物搭配色块种植，也可用作花境背景树，亦可修剪成球状或绿篱。

适用地区：长江流域及以南地区。

262. 香桃木

学名：*Myrtus communis* Linn.

科属：桃金娘科香桃木属。

形态特征：常绿灌木。枝四棱，叶密生，常绿而芳香。花腋生，花白或略带紫色，芳香，花期5月份。浆果扁球形，10月份熟，紫褐色。

生长习性：喜光，亦耐半阴，喜温暖湿润气候，萌芽力强，耐修剪，适应中性至偏碱性土壤。

园林用途：花量大，盛花期满树繁花，香味四溢。植株常绿，叶片油亮有光泽，是优良的观花、观叶植物。适宜庭院种植，也可用作花境背景树，或栽植于林缘和向阳的围墙边。

适用地区：长江流域及以南地区。

263. 红千层

学名：*Callistemon rigidus* R. Br.

科属：桃金娘科红千层属。

形态特征：常绿灌木或小乔木。叶芳香。穗状花序着生于枝顶，长10cm，似瓶刷状，花呈红色，簇生于花序上，形成奇特美丽的形态。蒴果，半球形。花期较长，较集中于春末夏初。

生长习性：喜暖热气候，能耐烈日酷暑，不很耐寒，不耐阴，对土壤要求不高。

园林用途：花序穗状，形似瓶刷，花色红艳，开放时满树红花，花蕊金黄，在阳光的照耀下，格外美丽动人，极具观赏价值。适宜种植在花坛中央、花境、行道两侧和公园围篱及草坪处，北方也可于夏季盆栽装饰建筑物阳面正门的两侧。

适用地区：华南地区。

264. 松红梅

学名：*Leptospermum scoparium* J.R.Forst. & G.Forst.

科属：桃金娘科鱼柳梅属。

形态特征：常绿小灌木，株高约2m，分枝繁茂，叶线状似松叶，花如梅花，有单瓣、重瓣之分，花色有红、粉红、桃红、白等多种颜色，花期11月份至翌年3月份。

生长习性：喜凉爽湿润、阳光充足的环境，耐寒性不强，冬季需-1℃以上温度，南方地区可室外栽植。

园林用途：花开繁茂，盛开时满树的小花星星点点，明媚娇艳，给人以繁花似锦的感觉。南方地区常种植于庭院、公园等处，可用于花境布置，北方地区常可作为盆栽观赏。

适用地区：长江流域以南地区。

265. 金丝桃

学名：*Hypericum monogynum* L.

科属：藤黄科金丝桃属。

形态特征：半常绿小乔木或灌木，叶纸质，花集合成聚伞花序，着生在枝顶，花色金黄，其呈束状纤细的雄蕊花丝也灿若金丝。花期6～7月份。

生长习性：喜温暖湿润，耐半阴，对土壤要求不严。

园林用途：花形奇特，花色艳丽，花冠如桃花，雄蕊金黄色，细长如金丝，绚丽可爱，是优良的观花植物。适宜植于庭园及路旁、植物景观造型及花境布置。

适用地区：长江流域及以南地区。

266. 金丝梅

学名：*Hypericum patulum* Thunb.ex Murray

科属：藤黄科金丝桃属。

形态特征：半常绿或常绿小灌木，小枝红色或暗褐色。叶对生，卵形、长卵形或卵状披针形。花序伞房状，花瓣金黄色，长圆状倒卵形至宽倒卵形，花期6～7月份，果期8～10月份。

生长习性：适应性强，中等喜光，有一定耐寒能力，喜湿润土壤，忌积水，在轻壤土上生长良好。

园林用途：花朵硕大，花形美观，花色金黄醒目，观赏期长达10个月，是非常珍贵的野生观赏灌木。宜植于庭院内、假山旁及路边、草坪等处，可用于专类园和花境配植。

适用地区：东北南部至华南地区。

267. 木槿

学名： *Hibiscus syriacus* Linn.

科属： 锦葵科木槿属。

形态特征： 落叶灌木，叶菱形至三角状卵形，花钟形，花色丰富，有淡紫、纯白、粉色、紫红等，有单瓣、重瓣等。花期7～10月份。

生长习性： 喜温暖湿润，稍耐阴，耐修剪，耐热，耐寒，抗污染能力强。

园林用途： 花色丰富，花形多样，是夏秋季节重要的观花灌木。在园林中可用作花篱式绿篱、花境布置、庭园绿化及工厂绿化树种。

适用地区： 华北至长江流域。

268. 海滨木槿

学名：*Hibiscus hamabo* Sieb. et Zucc.

科属：锦葵科木槿属。

形态特征：落叶灌木，树皮灰白色，叶近圆形，花大单生于枝端叶腋，花色金黄，花期7～10月份。

生长习性：有很强的耐盐碱能力，对土壤适应性强，喜光，抗风能力强，耐高温，耐寒，能耐短期水涝，也能耐旱。

园林用途：树冠浓密，树叶圆润，花朵金黄，大而艳丽，是不可多得夏季观花树种。叶片秋季变红，也是秋季很好的观叶树种。是优良的海岸防风固沙树种，现已广泛应用到城市绿化，适宜庭园、道路及花境景观布置。

适用地区：华东、华南地区。

269. 木芙蓉

学名： *Hibiscus mutabilis* Linn.

科属： 锦葵科木槿属。

形态特征： 落叶灌木或小乔木，叶大，广卵形，花初开时白色或淡红色，后变深红色，直径约8cm，还有大红重瓣、白重瓣、半白半桃红重瓣和红白相间重瓣等各种品种。花期8～10月份。

生长习性： 喜光，稍耐半阴，有一定耐寒性，喜温暖湿润环境，对土壤要求不严。

园林用途： 夏末至秋季开花，品种多样，花色丰富，花大色艳，极具观赏价值。适宜庭园、坡地、路边栽植，或栽植作花篱，可用于植物造景及花境布置。

适用地区： 长江流域及以南地区。

270. 高砂芙蓉

学名：*Pavonia hastata* Cav.

科属：锦葵科孔雀葵属。

形态特征：落叶小灌木，原产于南美，丛生，枝条开展，叶长圆状披针形至卵形，基部戟形，叶缘有锯齿，花色洁白，5瓣，带淡粉红色。花期6~10月份。

生长习性：喜光，喜温暖气候，喜肥，性强健，病虫害较少，不耐水涝。

园林用途：生长迅速，花多繁茂，花粉白可爱，花期长，是优良的观花树种。适宜庭园、公园、花坛、花境景观布置。

适用地区：华东地区。

271. 紫花醉鱼草

学名：*Buddleja fallowiana* Balf. f.et W.W.Sm.

科属：马钱科醉鱼草属。

形态特征：半常绿灌木，叶片披针形，灰绿色。花期极长，从春末至初霜，花开不断，圆锥花序、顶生，花蓝紫色，有芳香，叶、花比大叶醉鱼草小。花期5～10月份，果期9～12月份。

生长习性：喜光，喜温暖湿润气候和深厚肥沃的土壤，适应性强，耐修剪。

园林用途：花期长而芳香，花色艳丽，栽培简单粗放，是优良的观花灌木。适宜庭园、公园、草坪边缘绿化造景，或用作中型绿篱。对鱼有毒，应远离鱼池栽培。

适用地区：华北至华南地区。

272. 蓝湖柏

学名：*Chamaecyparis pisifera* 'Boulevard'

科属：柏科扁柏属。

形态特征：常绿灌木。枝叶纤细柔软，密实，整株呈直立对称的阔金字塔形，叶柔软，银蓝色，先端尖但不刺手。

生长习性：全光照，耐半阴；喜湿润排水良好的土壤；种植在避开强风的地点。

园林用途：株形垂直，树形呈圆锥形，全株呈现迷人、高雅脱俗的霜蓝色，非常美丽。适宜公园广场绿化，可用作隔离树墙、绿化背景或花境布置。

适用地区：长江流域。

273. 金线柏

学名：*Chamaecyparis pisifera* 'Filifera Aurea'

科属：柏科扁柏属。

形态特征：常绿乔木。树皮红褐色，树冠尖塔形，叶色金黄，枝叶细柔。花期3月份，果期11月份。

生长习性：喜光，耐半阴，抗寒，耐旱，喜温暖湿润气候。

园林用途：叶色金黄，姿态优美，观赏价值高。适宜园林绿化、庭园造景及花坛、花境布置。

适用地区：华北、华东地区。

274. 橘黄崖柏

学名： *Thuja occidentalis* 'Rheingold'

科属： 柏科崖柏属。

形态特征： 矮生灌木，叶片鳞状，全株金黄，叶色随季节变化呈现金黄、铜黄、亮绿带金黄等色。

生长习性： 喜半阴，喜肥沃微湿、排水良好的土壤，耐霜冻，生长速度缓慢。

园林用途： 叶色金黄鲜艳，随季节变化，极具观赏价值。适宜庭园、公园林缘、景观造景及花境布置。

适用地区： 长江流域及以南地区。

275. 铺地柏

学名：*Sabina procumbens* (Endl.) Iwata et Kusaka

科属：柏科圆柏属。

形态特征：匍匐灌木。枝条延地面扩展，小枝密生，叶均为刺形叶。球果球形，被白粉，成熟时黑色。

生长习性：喜光，稍耐阴，耐寒力、萌生力均较强，对土壤要求不严。

园林用途：四季常青，枝叶翠绿，蜿蜒匍匐，是优良的地被灌木。可配植于岩石园或草坪角隅，是良好的地被植物及花境配置植物。

适用地区：华北、华东地区。

276. 美国蜡梅

学名：*Calycanthus floridus* L.

科属：蜡梅科夏蜡梅属。

形态特征：落叶灌木，丛生。叶片椭圆形或卵圆形，叶色浓绿，晚秋呈金黄色。花顶生，花瓣细长，红褐色，有甜香的味道。花期5～7月份，果期9～10月份。

生长习性：喜温暖湿润气候，怕烈日暴晒，耐寒冷。

园林用途：花朵红褐色，朴素大方，芳香馥郁，非常美丽，是优良的花灌木。适宜庭园、假山、林缘大树下栽植，可用于景观造景及花境布置。

适用地区：长江流域。

277. 秤锤树

学名：*Sinojackia xylocarpa* Hu

科属：安息香科秤锤树属。

形态特征：落叶灌木或小乔木。叶椭圆形至椭圆状倒卵形，总状聚伞花序生于侧枝顶端，有花3～5朵；花白色。果卵圆形或卵圆状长圆形，顶端呈喙状。花果均下垂。花期3～4月份，果期7～9月份，果实宿存。

生长习性：喜光，较耐阴，喜较湿润的气候条件，在肥沃、排水良好土壤生长旺盛。

园林用途：花期繁花灿烂，似片片雪花覆盖树梢，秋后叶落而果存，粒粒下垂，似秤锤挂满树枝，是极优的观花、观果树种。适宜庭园、公园绿化造景及花境布置用作焦点树。

适用地区：华东地区。

278. 山茶

学名： *Camellia japonica* L.

科属： 山茶科山茶属。

形态特征： 常绿灌木或小乔木，叶革质，椭圆形，花瓣近于圆形，变种重瓣花瓣可达50～60片，品种繁多，花色红、白、黄、紫均有，花期1～4月份。

生长习性： 喜温暖、湿润和半阴环境。怕高温，忌烈日。

园林用途： 树冠多姿，叶色翠绿，花形美丽，花色丰富，花期长，有的品种可从10月份开到翌年4月份，是冬季优良花卉。为传统的园林花木，适宜庭园、公园、城市绿化，可作植物造景及花境布置材料。

适用地区： 长江流域及以南。

279. 茶梅

学名：*Camellia sasanqua* Thunb.

科属：山茶科山茶属。

形态特征：常绿灌木或小乔木，叶革质，椭圆形，因其花形兼具茶花和梅花的特点，故称茶梅。11月至翌年1月开花，白色或红色，略芳香。蒴果球形。

生长习性：喜阴湿、温暖湿润气候，以半阴半阳最为适宜。强烈阳光会灼伤其叶和芽，导致叶卷脱落。但又需要有适当的光照，才能开花繁茂鲜艳。

园林用途：树形较小，叶形雅致，花色艳丽，花期长，是优良的花灌木。适宜庭园、公园、城市绿化，花坛、花境配置或用作配景材料植于林缘角落等。

适用地区：长江流域及以南。

280. 滨柃

学名： *Eurya emarginata* (Thunb.) Makino

科属： 山茶科柃木属。

形态特征： 常绿灌木，高1～2m，嫩枝圆柱形，粗壮，密被短柔毛，叶厚革质，倒卵形或倒卵状披针形，边缘有细锯齿，叶细密，黑绿色，有光泽。雌雄异株，花生于叶腋，白色或淡黄色。浆果扁球形或圆形，黑色。花期10～11月份，果期次年6～8月份。

生长习性： 极耐盐碱，抗海风，耐贫瘠，耐干旱，耐修剪，适应性强。

园林用途： 四季常青，叶色墨绿，株形饱满，树冠紧密，多平展，树姿优美，数朵小花生于叶腋，形似小铃铛，非常可爱，是新优的观赏灌木。是优良的地被、防风固沙、色块拼图植物之一，较适合用于沿海地区道路绿化、花境、庭园种植，或盆栽、盆景观赏。

适用地区： 华东、华南地区。

281. 牡丹

学名：*Paeonia suffruticosa* Andr.

科属：毛茛科芍药属。

形态特征：多年生落叶灌木，茎高达2m。叶通常为二回三出复叶，偶尔近枝顶的叶为3小叶，无毛。花单生于枝顶，花瓣5单或为重瓣，花大，花色丰富，有玫瑰色、红紫色、粉红色至白色，通常变异很大，花期5月份；蓇葖果，果期6月份。

生长习性：喜凉怕湿，可耐−30℃的低温，喜阴，不耐暴晒。要求疏松、肥沃、排水良好的中性土壤或沙壤土。

园林用途：牡丹为我国十大名花之一，品种繁多，色泽亦多，花大色艳，雍容华贵，历来为人们所喜爱。在园林中常作丛植或孤植观赏，布置花坛、花境专类园，或作品种研究或重点绿化用。盆栽用于客厅、卧室书房等摆放观赏。

适用地区：西北、华北、长江流域。

282. 染料木

学名： *Genista tinctoria*

科属： 豆科染料木属。

形态特征： 落叶灌木。茎直立，绿色，叶小，椭圆形、披针形、倒披针形至线形，长9～50mm，先端急尖。蝶形花黄色，密集，花期6～8月份。

生长习性： 喜光，稍耐寒。

园林用途： 枝叶翠绿，花形奇特，花色鲜黄，是优良观花、观茎灌木。适宜园林观赏及花坛、花境作为中心树观赏栽植。

适用地区： 西南、华东地区。

283. 伞房决明

学名：*Cassia corymbosa*

科属：豆科决明属。

形态特征：灌木或小乔木。叶色浓绿，花金黄色，羽状花序生于枝条顶端，开花繁茂，花期7～10月份，先期开放的花朵，先长成纤长的豆荚，花实并茂，果实直挂到次年春季。

生长习性：喜光，对土壤要求不严，耐旱，耐寒，抗干旱能力强，耐修剪。

园林用途：生长旺盛，花期长，花色艳丽，观花期在夏秋季节，冬季还可观荚果。适用于园林绿化装饰林缘，或作低矮花坛、花境的背景植物。也可用于道路两侧绿化或作色块布置。

适用地区：华东、华中、华南地区。

284. 美丽胡枝子

学名：*Lespedeza formosa* (Vog.) Koehne

科属：豆科胡枝子属。

形态特征：落叶丛生灌木。三出复叶，枝条细长下垂。蝶形花紫红色，荚果。花期7～9月份，果期9～10月份。

生长习性：喜光，稍耐阴，耐寒，耐旱，也耐水湿，适应性很强，尤其耐干旱瘠薄。

园林用途：花色紫红，花朵细小繁密，枝条柔软，随风摆动，非常美丽。适宜庭园、公园景观配置，花境布置及护坡植物栽植。

适用地区：东北、华北、华东地区。

285. 胡枝子

学名：*Lespedeza bicolor* Turcz

科属：豆科胡枝子属。

形态特征：落叶小灌木，全株被白色绒毛。总状花序腋生，不超出叶，花白色或黄色。荚果卵圆形，花期7～9月份，果期9～10月份。

生长习性：耐旱，耐瘠薄，耐酸性，耐盐碱，对土壤适应性强，在瘠薄的新开垦地上可以生长，但最适于壤土和腐殖土。

园林用途：花红色，枝条柔软，夏秋季节开花，是优良的观花灌木。适宜庭园、公园景观配置，花境布置及护坡植物栽植。

适用地区：华东地区。

286. 锦鸡儿

学名： *Caragana sinica* (Buc'hoz) Rehd.

科属： 豆科锦鸡儿属。

形态特征： 落叶灌木，丛生，枝条细长柔软，托叶常为三叉，硬化成针刺。花着生于叶腋，花冠黄色，常带红色，形如飞雀，荚果圆筒状。花期4～5月份，果期7月份。

生长习性： 喜光，根系发达，抗旱，耐贫瘠，忌湿涝。

园林用途： 花朵鲜艳耀眼，形如飞雀舞动，颇为好看。适宜林缘、路边或建筑物旁种植，亦可作绿篱或花境配置。

适用地区： 华东、华北地区。

287. 细叶水团花

学名：*Adina rubella* Hance

科属：茜草科水团花属。

形态特征：落叶小灌木，高1～3m；头状花序，花冠长管状，淡紫色或白色，被微柔毛，花柱细长，伸出花冠，萌果小，成熟时带紫红色，集生于花序上形如杨梅。花、果期5～12月份。

生长习性：喜光，喜水湿，较耐寒，不耐旱。

园林用途：树形优美，花果美丽，形如杨梅，适应性强，是优良的观花、观果灌木。适宜成片或丛植于公园绿地、花境种植，也可用于河道绿化和生态修复建设。

适用地区：华东、西南、华南地区。

288. 栀子花

学名：*Gardenia jasminoides* Ellis

科属：茜草科栀子属。

形态特征：常绿灌木。叶对生，革质，翠绿有光泽，花白色或乳黄色，高脚碟状，芳香，通常单朵生于枝顶。果卵形黄色或橙红色，花期3～7月份，果期5月份至翌年2月份。

生长习性：喜温暖湿润气候，不耐寒，不耐阳光直射，适宜稍阴的环境，喜酸性土壤。

园林用途：四季常青，花白色素雅，芳香浓郁，是优良的观花灌木。适宜庭园路旁花境种植，也可作花篱和盆栽观赏。

适用地区：长江流域及以南地区。

289. 重瓣大花栀子

学名： *Gardenia jasminoides* Ellis var. grandiflora Nakai.

科属： 茜草科栀子属。

形态特征： 常绿灌木。叶对生或3叶轮生，革质全缘，翠绿有光泽，花单生于枝顶，白色，芳香，花冠高脚碟状，花大重瓣，不结果，花期5～7月份。

生长习性： 喜温暖湿润气候、光照充足、通风良好环境，忌强光暴晒。

园林用途： 四季常青，花大重瓣，白色素雅，芳香浓郁，是优良的观花灌木。适宜庭园、路旁、花境种植，也可作花篱和盆栽观赏。

适用地区： 长江流域及以南地区。

290. 熊掌木

学名：*Fatshedera lizei*

科属：五加科熊掌木属。

形态特征：常绿藤蔓植物。茎初时草质，后转木质。叶碧绿，有光泽，呈掌状，五裂，似熊掌状，故名熊掌木。成年植株秋天开绿色小花。

生长习性：喜半阴环境，耐阴性好，喜温暖湿润气候。

园林用途：四季常绿，叶色碧绿有光泽，叶形奇特可爱，是优良的观叶植物。适宜林下群植作地被，也可用于阴生花境。

适用地区：长江流域以南地区。

291. 花叶熊掌木

学名：*Fatshedera lizei* 'Variegata'

科属：五加科熊掌木属。

形态特征：常绿藤蔓植物。叶绿色，有光泽，叶面具不规则乳黄色至浅黄色斑块，呈掌状，五裂。

生长习性：喜半阴环境，耐阴性好，喜温暖湿润气候。

园林用途：四季常绿，叶色丰富艳丽，是优良的观叶植物。适宜林下群植作地被，也可用于花境、花坛布置。

适用地区：长江流域以南地区。

292. 通脱木

学名：*Tetrapanax papyrifer* (Hook.) K. Koch

科属：五加科通脱木属。

形态特征：常绿灌木或小乔木，高达1～3.5m。叶大，集生于茎顶；叶片纸质或薄革质，叶下密生白色厚绒毛。圆锥花序长，分枝多，花淡黄白色。果实球形，紫黑色。花期10～12月份，果期次年1～2月份。

生长习性：喜光，喜温暖湿润环境，不甚耐寒，越冬温度5℃以上。

园林用途：生命力强，叶片宽大，花序、果序奇特，观赏价值高。适宜公路两旁及庭园边缘大乔木下种植，也可布置庭园及花境。

适用地区：陕西、长江流域及以南地区。

293. 八角金盘

学名：*Fatsia japonica* (Thunb.) Decne. et Planch.

科属：五加科八角金盘属。

形态特征：常绿灌木，茎光滑。叶柄长，叶大而光亮，革质，近圆形，掌状5～9裂，因其叶多为8裂，且有时边缘呈金黄色而得名。圆锥花序顶生，花黄白色，果近球形，熟时黑色。花期10～11月份，果熟期翌年4月份。

生长习性：喜温暖湿润环境，耐阴性强，也较耐寒，喜湿怕旱，适宜生长于肥沃疏松而排水良好的土壤中。

园林用途：四季常青，叶形奇特，叶片硕大优美，浓绿光亮，花黄白或淡绿色，非常雅致，是优良的观叶、观花植物。适宜栽植于建筑物的背阴面，是阴生花境的优良植物材料。

适用地区：长江流域及以南地区。

294. 水麻

学名：*Debregeasia orientalis* C. J. Chen

科属：荨麻科水麻属。

形态特征：落叶灌木。茎四棱形，叶对生，披针形，花单性，由球状团伞花簇组成穗状花序，瘦果鲜时橙黄色，花期3～4月份，果期5～7月份。

生长习性：喜温暖湿润环境，适应性强。

园林用途：树形美观，叶片翠绿，郁郁葱葱，是优良的观叶植物。适宜庭园、公园景观配景及花境布置。

适用地区：西南、华东地区。

295. 朱蕉

学名： *Cordyline fruticosa* (L.) A. Cheval.

科属： 百合科朱蕉属。

形态特征： 常绿灌木，主茎挺拔，叶聚生于茎或枝的顶端，绿色或带紫红色，圆锥花序，花淡红色、青紫色至黄色，花期11月份至次年3月份。

生长习性： 喜高温多湿环境，耐半阴，不耐暴晒，不耐寒。

园林用途： 株形挺拔美观，叶色、花色艳丽，极具观赏价值。南方地区可作庭园景观配置及花境布置，亦可盆栽摆放装点会场及公共场所。

适用地区： 华南地区。

296. 丝兰

学名：*Yucca smalliana* Fern.

科属：百合科丝兰属。

形态特征：多年生灌木状草本，茎很短或不明显。叶簇生，似莲座状，坚硬，近剑形，叶片边缘有多条白丝。花葶高大粗壮，花杯形，白色下垂，花期秋季。

生长习性：喜光，稍耐寒，土壤适应性强，抗污染能力强。

园林用途：四季常绿，叶形美观，花序洁白美丽，花期长，芳香，是叶、花俱佳的观赏植物。适宜庭园、公园、花境、花坛中心作为景观植物种植，也可作道路绿化及防护隔离带植物。

适用地区：华北南部至华南地区。

297. 香根菊

学名：*Baccharis halimifolia* Moench

科属：菊科香根菊属。

形态特征：半常绿到落叶灌木，高1～3m；茎直立，叶片叶面亮绿，叶背面灰绿色，有腺点。花腋生，钟状，白色。花期8～11月份。

生长习性：喜光，耐寒，耐旱，适应性强，

园林用途：绿叶期长，生长迅速，耐修剪，全株有芳香。适宜花境景观造型配景，也可作绿篱。

适用地区：长江流域及以南地区。

298. 金边胡颓子

学名：*Elaeagnus pungens* 'Variegata'

科属：胡颓子科胡颓子属。

形态特征：常绿直立灌木，具刺，树冠圆形开展。叶椭圆形，革质有光泽，深绿色边缘有一圈金边。花白色或淡白色，果实椭圆形，成熟时红色，花期9～12月份，果期次年4～6月份。

生长习性：喜光，喜湿润环境，耐寒，耐旱，喜肥沃、排水良好土壤。

园林用途：叶色深绿，边缘金黄，叶背银色，果实鲜红，挂果时间长，是优良的观叶、观果植物。适宜庭园及公园绿地景观配置，也可用于花境、花坛布置。

适用地区：长江流域及以南地区。

299. 花叶扶芳藤

学名：*Euonymus fortuner* f. gracilis

科属：卫矛科卫矛属。

形态特征：常绿藤本，匍匐茎，有气根。叶卵圆形，叶片边缘淡黄色至金黄色，聚伞花序腋生，花白绿色。蒴果黄红或淡红色，花期5～6月份。果熟期9～10月份。

生长习性：喜光，亦耐阴，喜温暖湿润环境，适宜于疏松肥沃的沙壤土。

园林用途：四季常青，叶色艳丽，生长迅速，是优良的地被观赏植物。适宜作观叶地被，配合其他植物作色块，或作花坛、花境配置。

适用地区：全国各地。

300. 火焰卫矛

学名： *Euonymus alatus* cv. 'Compacta'

科属： 卫矛科卫矛属。

形态特征： 落叶小灌木，树形丰满，分枝多，具枝翅。叶春夏为深绿色，秋季变为火焰红色。花浅红或浅黄色，果红色，花期5～6月份，果期9～11月份。

生长习性： 适应性强，全光或遮阴均可，耐寒，对土壤要求不严格。

园林用途： 株形饱满，叶色红艳，持续时间长，是优良的秋冬彩叶植物。适宜花境、花坛背景植物种植，也可群植作绿篱。

适用地区： 全国各地。

301. 杜鹃

学名： *Rhododendron simsii* Planch.

科属： 杜鹃花科杜鹃属。

形态特征： 落叶灌木，叶革质，常集生于枝端。花冠阔漏斗形，种类繁多，花形、花色丰富，有红色、紫色、黄色、白色、复色等，是我国十大传统名花之一。花期4～5月份，果期6～8月份。

生长习性： 喜凉爽、湿润通风的半阴环境，不耐酷热严寒。

园林用途： 枝叶繁茂，花朵美丽，花色艳丽，品种繁多，是优良的观花灌木。适宜片植及林下种植观赏，也可作花篱及庭园种植，是半阴生花境的优良材料。

适用地区： 长江流域及以南地区。

302. 结香

学名： *Edgeworthia chrysantha* Lindl.

科属： 瑞香科结香属。

形态特征： 落叶灌木，小枝常作三叉分枝。花黄色，芳香，顶生头状花序，具花30～50朵，成绒球状，花萼圆筒形，裂片4，花瓣状，因其枝条可打结，花朵芳香故名结香。花期冬末春初。

生长习性： 喜半湿润、半阴环境，喜温暖气候，能耐-20℃气温。

园林用途： 树冠球形，枝叶美丽，花黄色，早春开花，芳香馥郁，是优良的观花、观叶灌木。适宜庭园公园及建筑物旁种植，也可用于布置半阴花境。

适用地区： 华中、华东、西南地区。

303. 含笑

学名：*Michelia figo* (Lour.) Spreng.

科属：木兰科含笑属。

形态特征：常绿灌木，分枝繁密，叶革质，花直立，淡黄色边缘有时红色或紫色，花盛开后不完全展开，具甜浓的芳香。蓇葖果卵圆形或球形。花期3～5月份，果期7～8月份。

生长习性：喜半阴环境，忌强光直射，喜肥，不甚耐寒。

园林用途：枝叶浓密，叶色翠绿光亮，花色淡雅芳香，是很好的观赏植物。适宜小花园、公园或街道种植，亦可配植于半阴花境及稀疏林下。

适用地区：长江流域及以南地区。

304. 紫花含笑

学名：*Michelia crassipes* Law

科属：木兰科含笑属。

形态特征：常绿小乔木或灌木，树皮灰褐色，叶革质，花极芳香；紫红色或深紫色，四季有花，盛花期3～6月份。

生长习性：耐阴、耐寒能力比含笑强，抗病虫害能力强。

园林用途：花色艳丽，香味浓郁似酒，是优良的观花植物。适宜庭园、公园种植，半阴花境配置。

适用地区：长江流域以南地区。

305. 星花木兰

学名：*Magnolia tomentosa* Thunb.

科属：木兰科木兰属。

形态特征：落叶小乔木，枝繁密成灌木状。叶倒卵状长圆形或倒披针形。花先叶开放，花蕾卵圆形，密被淡黄色长毛，花被片多而狭长，展开如星芒，花色丰富，具芳香。花期3～5月份。

生长习性：喜光，耐半阴，较耐寒，不耐干旱，抗性较强。

园林用途：花形美丽，状若星芒，花色多样，芳香迷人，是优良的早春花木。适宜庭园种植观赏，也可作花境及植物造景配置。

适用地区：华东地区。

306. 苏珊玉兰

学名： *Yulania* ‘Susan’

科属： 木兰科木兰属。

形态特征： 落叶灌木，叶纸质。花蕾卵圆形，直立，花形美观，朵似郁金香，花瓣内外都是紫红色。花期2～3月份(亦常于7～9月份再开一次花)，果期8～9月份。

生长习性： 喜光，较耐寒，耐旱，忌积水，抗污染能力较强。

园林用途： 花朵美丽，花色鲜艳，芳香，是优良的早春观花灌木。适宜庭园种植、花境种植，作中心景观树种。

适用地区： 华东地区。

307. 羽毛枫

学名： *Acer palmatum* var. dissectum (Thunb.) K. Koch

科属： 槭树科槭属。

形态特征： 落叶灌木，树冠开展，枝条略下垂。叶掌状深裂达基部，7～11裂，裂片又羽状分裂，具细尖齿。新叶艳红，秋叶深黄至橙红色。花期5月份，果期9月份。

生长习性： 喜温暖湿润、气候凉爽环境，较耐寒，忌阳光暴晒。

园林用途： 树形开展，枝条略下垂，树叶轻柔如羽毛，叶色丰富，观赏价值颇高。适宜庭园、公园绿地、城市绿化、花坛、花境景观布置。

适用地区： 长江流域。

308. 粉蝶花

学名：_Nemophila menziesii_

科属：紫草科粉蝶花属。

形态特征：一年生草本植物，株高20～30cm，匍匐生长。叶羽状齿或裂片状。花瓣5，花较小，直径1～3cm，花朵密集，花色主要为蓝色、白色或蓝、白相间，亦有带紫色斑点者。花期3～5月份。

生长习性：粉蝶花多野生于森林边缘地带的向阳地方。原产于北美洲，喜欢光照充足和排水良好之地。喜干燥，不耐雨水，湿气过重影响其生长。

园林用途：粉蝶花的花朵精致可爱，蓝色的花非常纯净，常用于春季花海、花丛、花境、岩石园景观布置。

适用地区：华中、西南及华东地区。

309. 欧洲报春

学名：*Primula vulgaris* Hill

科属：报春花科报春花属。

形态特征：多年生草本，常作一年生栽培。叶长椭圆形或倒卵状椭圆形，叶面皱，叶脉深凹。花葶多数，单花顶生，有香气，野生种花淡黄色，园艺品种花色丰富，有白色、粉红、洋红、蓝色、紫色等。花期1～4月份。

生长习性：喜温凉湿润的环境，不耐高温和强光直射，也不耐严寒。

园林用途：开花早，花期长，花色丰富艳丽，极具观赏价值。适宜花坛、花境及花展布置，也可盆栽室内观赏。

适用地区：全国各地。

310. 花毛茛

学名：*Ranunculus asiaticus* (L.) Lepech.

科属：毛茛科毛茛属。

形态特征：多年生草本，常一二年生应用栽培，茎生叶无柄，似芹菜叶。花单生或数朵顶生，花形似牡丹，比牡丹小，花色丰富，多为重瓣或半重瓣，有红色、粉色、橙色、白色、紫色等。花期4～5月份。

生长习性：喜凉爽及半阴环境，忌高温炎热，不耐寒。

园林用途：花形美丽，花色丰富，是优良的观赏花卉。适宜花坛、花境、点缀草坪等，因其在半阴条件下生长良好，故适宜栽植于树丛下或建筑物背面。

适用地区：全国各地。

311. 黑种草

学名： *Nigella damascena* L.

科属： 毛茛科黑种草属。

形态特征： 一年生草本，茎有疏短毛，中上部多分枝。叶为一回或二回羽状深裂。花单生于枝顶，花萼5个，淡蓝色，形如花瓣，椭圆状卵形，基部逐渐变窄成爪。蓇果椭圆球形，花期6～7月份，果期8月份。

生长习性： 喜光，喜温暖环境，稍耐寒，不耐旱，忌积水。

园林用途： 植株秀丽，花形奇特，园艺品种有重瓣品种，花色丰富，极具观赏价值。适宜夏季花坛、花境布置，也可片植形成景观观赏。

适用地区： 全国各地。

312. 翠雀

学名：*Delphinium grandiflorum* L.

科属：毛茛科翠雀属。

形态特征：多年生草本，常作一年生栽培。叶片圆五角形，三全裂，总状花序，小花萼片花瓣状，蓝色、紫蓝色或白色，上萼片有长距，花瓣蓝色，有长距，伸入萼距之中，退化雄蕊瓣片近圆形，中央具黄色髯毛。花形别致，花期5～10月份。

生长习性：喜日照充足、凉爽通风的环境。

园林用途：花形奇特，形似一只只燕子，又名飞燕草。花色蓝紫色，在炎热的夏季带给人们清凉感受，具有很高的观赏价值。适宜庭园、公园景观布置，用于夏秋季花境。

适用地区：全国各地。

313. 耧斗菜

学名：*Aquilegia viridiflora* Pall.

科属：毛茛科耧斗菜属。

形态特征：多年生草本植物，常作一年生栽培。茎直立，基生叶少数，二回三出复叶，蓝绿色。花冠漏斗状、下垂，花瓣5枚，品种丰富，有深蓝紫色、白色、粉红、黄色等。蓇葖果深褐色。花期4～6月份，果熟期5～7月份。

生长习性：喜温暖凉爽气候，忌高温暴晒，耐寒，喜湿润排水良好的土壤。

园林用途：花姿优美，花形奇特有趣，色彩丰富，是优良的春季观赏草花。适宜自然式栽植，花境、花坛、岩石园布置等。

适用地区：全国各地。

314. 毛地黄

学名：*Digitalis purpurea* L.

科属：玄参科毛地黄属。

形态特征：多年生草本，常作二年生栽培。基生叶多呈莲座状，长卵形至卵状披针形。总状花序，花萼钟状，蕾期向上，花期倒斜垂，花冠筒状钟形，多为紫红色，少数白色、黄色，内具斑点，花期5～6月份。

生长习性：喜半湿，稍耐旱，怕涝，耐寒，喜肥，适宜在湿润而排水良好的土壤中生长。

园林用途：植株高大，花序、花形奇特美丽，花色艳丽，极具观赏价值。适宜花坛、花境、岩石园、庭园布置，也可作自然式花卉景观布置。

适用地区：全国各地。

315. 金鱼草

学名： *Antirrhinum majus* L.

科属： 玄参科金鱼草属。

形态特征： 多年生草本，常作两年生栽培。叶上部呈螺旋状互生，披针形，基部对生。总状花序顶生，花冠颜色丰富，有红色、紫色、白色，花期3～6月份。

生长习性： 喜光，喜凉爽气候，忌高温高湿，耐寒性较强。

园林用途： 花色繁多，美丽鲜艳，开花整齐，是优良的花坛花卉。适宜花丛、花坛、花境、盆栽种植，高秆品种也可作切花。

适用地区： 全国各地。

316. 荷包花

学名：*Calceolaria crenatiflora* Cav.

科属：玄参科蒲包花属。

形态特征：多年生草本植物，园林上多作一年生栽培。全株有细小绒毛，叶卵状对生，花形别致，花冠二唇状，上唇瓣直立较小，下唇瓣膨大似蒲包状，中间形成空室，花色丰富，花期1～2月份。

生长习性：喜光，喜凉爽湿润气候，不耐寒，忌烈日暴晒，适宜于富含腐殖质的沙土。

园林用途：花形奇特，色彩鲜艳丰富，花期长，是优良的冬末早春观赏花卉。适宜盆栽，主要用于室内展览布置及点缀。

适用地区：全国各地。

317. 夏堇（蓝猪耳）

学名：*Torenia fournieri* Linden. ex Fourn.

科属：玄参科蝴蝶草属。

形态特征：一年生草本。茎细呈四棱形，分枝多，叶对生，圆形或卵状心形，叶缘有锯齿。唇形花冠，花色丰富，有紫青色、桃红色、深桃红色等，喉部有黄色斑点，外形像猪耳朵，花期7～10月份。

生长习性：喜光，耐高温，不耐寒，对土壤要求不严。

园林用途：花色丰富，姿态优美，小巧可爱，花期极长，耐高温，是优良的夏季观赏花卉。应用广泛，适宜夏季花坛、花境、盆栽种植。

适用地区：长江流域及以南。

318. 羽扇豆

学名：*Lupinus micranthus*

科属：豆科羽扇豆属。

形态特征：一年生草本，掌状复叶，多为基部着生，小叶10～17枚，披针形至倒披针形。总状花序顶生，尖塔形，花色丰富，有红、黄、蓝、粉等色，花期3～5月份。

生长习性：喜气候凉爽、阳光充足的环境，忌炎热，略耐阴，较耐寒，适宜于沙性土壤。

园林用途：植株形态优美，花形奇特美丽，花色丰富艳丽，极具观赏价值。适宜花坛、花境景观配置，也可于林缘、河边自然式栽植。

适用地区：全国各地。

319. 四季海棠

学名：*Begonia semperflorens* Link et Otto

科属：秋海棠科秋海棠属。

形态特征：多年生肉质草本，多作一年生应用栽培。叶卵形或宽卵形，基部略偏斜，边缘有锯齿和睫毛，两面光亮，绿色，主脉通常微红。花淡红或带白色，花期长，几乎全年开花。

生长习性：喜阳光，稍耐阴，不耐寒，喜温暖湿润的环境和土壤。

园林用途：株形秀美，叶色油绿有光泽，花朵美丽鲜艳，花期长，观赏价值高。适宜布置花坛、花境，也可用作吊盆、栽植槽、盆栽观赏。

适用地区：长江流域及以南地区。

320. 鸡冠花

学名：*Celosia cristata* L.

科属：苋科青葙属。

形态特征：一年生草本，茎直立粗壮，单叶互生，肉穗状花序顶生，扁平鸡冠形，花色多为红色，也有金黄、淡红、橙红等色。胞果卵形，种子黑色有光泽。花期6～11月份。

生长习性：喜温暖干燥气候，怕干旱，喜阳光，不耐涝，对土壤要求不严。

园林用途：花色丰富，花形多样，叶色也有深红、翠绿、黄绿等多种颜色，是优良的观花、观叶花坛花卉。适宜花坛及大面积色块种植，也可用作花境及庭园布置。

适用地区：全国各地。

321. 千日红

学名：*Gomphrena globosa* L.

科属：苋科千日红属。

形态特征：一年生草本，全株有灰色长毛，茎直立，叶对生，长圆形，头状花序圆球形，基部有叶状苞片2片，花紫红色、淡紫色或白色，胞果近球形，花果期6～9月份。

生长习性：喜光，耐旱，耐干热，适应性强，对土壤要求不严。

园林用途：花色艳丽，姹紫嫣红，开花时花团锦簇，非常灿烂，花干后经久不凋，观赏期极长。适宜花坛、花境、花展布置，也可作大面积地被栽培。

适用地区：全国各地。

322. 大花马齿苋

学名：*Portulaca grandiflora* Hook.

科属：马齿苋科马齿苋属。

形态特征：一年生肉质草本。茎匍匐地面生长，多分枝，稍带紫色或绿色，光滑。叶圆柱形，花顶生，基部有叶状苞片，花色丰富，有白、黄、红、紫等色，园艺品种多，有单瓣、重瓣、半重瓣。种子细小，花期6～9月份，果期8～11月份。

生长习性：不耐寒，喜光，耐贫瘠，喜干燥沙土。

园林用途：花色丰富，花形多样，花期极长，在温度适宜的条件下一年四季都可开花，观赏价值高。

适用地区：全国各地。

323. 长春花

学名：*Catharanthus roseus* (L.) G. Don

科属：夹竹桃科长春花属。

形态特征：常作一年生栽培应用。叶倒卵状长圆形，叶片呈膜质。长春花聚伞形花序腋生或者顶生，花朵2～3朵，花萼具5深裂，花冠高脚碟状，花朵中间有深色洞眼，有红色、淡紫色、白色等。花果期几乎全年。

生长习性：喜温暖、稍干燥阳光充足的环境，也耐半阴，不耐寒。

园林用途：花期长，花色艳丽，姿态优美，是优良的花坛观花植物。适宜花坛、花境栽培，也可盆栽观赏。

适用地区：全国各地。

324. 风铃草

学名： *Campanula medium* Lapeyr.

科属： 桔梗科风铃草属。

形态特征： 多年生草本植物，常作一年生栽培。基部叶卵状披针形，茎生叶披针状矩形。聚伞花序顶生，花冠膨大，钟形，花有蓝色、白色、粉色等，花期5～9月份。

生长习性： 喜凉爽而干燥的气候，不耐低温多湿，宜排水、通气良好的石灰质泥土。

园林用途： 花色明艳动人，花朵小巧可爱，是优良的夏季观赏花卉。适宜花坛、花境、岩石园、庭园景观布置，高秆品种也可作切花。

适用地区： 全国各地。

325. 孔雀草

学名： *Tagetes patula* L.

科属： 菊科万寿菊属。

形态特征： 一年生草本，茎直立，茎基部分枝。叶羽状分裂。舌状花金黄色或橙色，带有红色斑，管状花花冠黄色，花形与万寿菊相似，但花朵较小且繁多，花期7～9月份。

生长习性： 喜光，但在半阴处栽植也能开花，对土壤要求不严，生长迅速。

园林用途： 花色丰富，有红褐、黄褐、淡黄、紫红色斑点等，开花整齐，极具观赏价值。花色醒目，适宜花坛、广场、花境、庭园布置。

适用地区： 全国各地。

326. 万寿菊

学名：*Tagetes erecta* L.

科属：菊科万寿菊属。

形态特征：一年生草本，茎直立，粗壮，具纵细条棱。叶羽状分裂。头状花序单生，舌状花黄色或暗橙色，顶端微弯曲，管状花花冠黄色，花期7～9月份。

生长习性：喜充足的阳光，适应性强，对土壤要求不严。

园林用途：植株矮壮，花色艳丽，是优良的园林绿化花卉。应用广泛，常用来布置花坛、广场、花丛、花境等。

适用地区：全国各地。

327.雏菊

学名：*Bellis perennis* L.

科属：菊科雏菊属。

形态特征：多年生草本，常作一二年生草花栽培。株丛矮小，叶基生，长匙形或倒长卵形。头状花序单生于花茎顶端，花较小，舌状花多轮紧密排列于花序盘周围，有白、粉、紫等各种颜色，花序盘中央为黄色管状花。花期4～6月份。

生长习性：喜光，喜冷凉气候，忌炎热，对土壤要求不严。

园林用途：园艺品种丰富，花色多样，有红色、粉色、白色等，花朵娇小玲珑，非常可爱，是优良的观花草本。适宜花坛及早春花境布置，也常用作地被花卉，或盆栽观赏。

适用地区：全国各地。

328. 诸葛菜（二月兰）

学名：*Orychophragmus violaceus* (L.) O. E. Schulz

科属：十字花科诸葛菜属。

形态特征：越生草本。高10 ～ 50cm。花紫色、浅红色或白色。花期4 ～ 5月份，果期5 ～ 6月份。

生长习性：耐寒，且较耐阴，在肥沃、湿润、阳光充足的环境下生长健壮，在阴湿环境中也表现出良好的性状。

园林用途：春花柔美悦目，早春花开成片，花期长。优良的自衍地被植物。花境材料，适用于大面积地面覆盖，或用作不需精细管理的绿地背景植物，为良好的园林阴处或林下地被植物，是郊野公园、生态园等处难得的地被花卉。

适用地区：东北、华北、西南、华东地区。

329. 金盏菊

学名：*Calendula officinalis* Hohen.

科属：菊科金盏花属。

形态特征：一年或二年生草本植物，单叶互生，基部叶为匙形，上部叶为椭圆形；花生于茎部顶端，头状花序，黄色或橘黄色，也有重瓣、卷瓣和绿心、深紫色花心等栽培品种。花期4～9月份，果期6～10月份。

生长习性：喜光，忌酷暑，较耐寒，喜疏松肥沃土壤。

园林用途：色彩鲜艳，花形美丽，品种丰富，花期长，是优良的花坛观赏花卉。适宜花坛、花境及组成彩带色块，也可作切花观赏。

适用地区：全国各地。

330. 白晶菊

学名：*Mauranthemum paludosum* (Poir.) Vogt & Oberpr.

科属：菊科茼蒿属。

形态特征：二年生草本花卉，叶互生。头状花序顶生，圆盘状，边缘舌状花银白色，中间筒状花金黄色。花期初春至初夏。

生长习性：喜温暖湿润和阳光充足的环境。较耐寒，耐半阴。

园林用途：植株低矮，花朵繁茂，色彩鲜亮，花期早，花期长，是优良的早春花卉。适用于花坛、庭院、花境布置，也可作为地被花卉栽种。

适用地区：全国各地。

331. 黄晶菊

学名： *Coleostephus multicaulis* (Desf.) Durieu

科属： 菊科茼蒿属。

形态特征： 二年生草本花卉，茎具半匍匐性。叶互生，肉质，长条匙状。头状花序顶生，圆盘状，舌状花、管状花均为金黄色。花期初春至初夏。

生长习性： 喜温暖湿润和阳光充足的环境，较耐寒，耐半阴。

园林用途： 花朵金黄，开花繁密，花期长，极具观赏价值。适宜花坛、花境、草坪边缘及庭园美化。

适用地区： 全国各地。

332. 蓝目菊

学名： *Osteospermum ecklonis* (DC.) Norl.

科属： 菊科菊属。

形态特征： 宿根多年生草本，常作一二年生栽培。基生叶丛生、茎生叶互生，长圆形，羽状分裂。舌状花蓝色，背面淡紫色，盘心管状花蓝紫色，有单瓣、重瓣。花期夏秋季。

生长习性： 喜阳，不耐寒，忌炎热，喜排水良好的土壤。

园林用途： 花蓝色素雅，花朵美丽，是优良的夏秋季观赏花卉。适宜花坛、花境、庭园景观布置。

适用地区： 全国各地。

333.蛇目菊

学名：*Sanvitalia procumbens* Lam.

科属：菊科蛇目菊属。

形态特征：一二年生草本，叶菱状卵形或长圆状卵形，全缘。头状花序单生于茎枝顶端，舌状花黄色或橙黄色，基部或中下部红褐色，管状花暗紫色，花期6～8月份。

生长习性：喜光，耐寒力强，耐干旱贫瘠，对土壤要求不严。

园林用途：色彩鲜艳，花期长，枝条纤细，随风摆动，飘逸美丽。广泛种植于林下或园林隙地，作地被栽培，也可用于花境布置。

适用地区：全国各地。

334. 矢车菊

学名：*Centaurea cyanus* L.

科属：菊科矢车菊属。

形态特征：一年生或二年生草本，茎直立，灰白色。叶多形，头状花序，总苞椭圆状，盘花，蓝色、白色、红色或紫色。瘦果椭圆形，花果期2～8月份。

生长习性：适应性较强，喜阳光充足环境，不耐阴湿，较耐寒，喜冷凉，忌炎热。

园林用途：花色丰富，花形别致，适应性强，是优良的观赏花卉。适宜花坛、花境布置，在景观绿化中，常常大片自然丛植观赏。

适用地区：全国各地。

335. 秋英

学名： *Cosmos bipinnata* Cav.

科属： 菊科秋英属。

形态特征： 多年生草本，常作一年生栽培。细茎直立，高1～2m，分枝较多，茎光滑或稍被柔毛。单叶对生，二回羽状全裂。头状花序单生，舌状花白、粉红或紫红色，管状花黄色。瘦果黑紫色。花期4～8月份，果期9～10月份。

生长习性： 喜温暖和阳光充足的环境，耐寒，适应性强，对土壤要求不严。

园林用途： 植株高大，花色丰富，花枝随风飘逸，异常美丽。适宜作花境背景材料，丛植或片植于草地边缘或路旁美化绿化。

适用地区： 全国各地。

336. 黄秋英（硫华菊）

学名：*Cosmos sulphureus* Cav.

科属：菊科秋英属。

形态特征：一年生草本，茎细长且分枝多。叶片二至三回羽状分裂，淡绿色。头状花序顶生，呈碗状，舌状花橙色或淡红黄色，管状花花心黄色，春播花期6～8月份，夏播花期9～10月份。

生长习性：喜光，耐干旱贫瘠，不耐寒，适应性强。

园林用途：花大色艳，开花时随风摇曳，极具观赏价值。适宜自然式花境、草坪、林缘栽植，展现自然效果。

适用地区：长江流域及以南地区。

337.玛格丽特菊

学名：*Argyranthemum* 'Molimba'

科属：菊科木茼蒿属。

形态特征：常作一年生栽培应用。灌木，枝条大部分木质化。叶宽卵形，二回羽状分裂。头状花序多数在枝端排列成不规则的伞房花序，舌状花瓣颜色多样，有粉色、白色、淡蓝色，管状花黄色，花果期2～10月份。

生长习性：喜光，喜凉爽湿润气候，不耐炎热，耐寒性不强。

园林用途：品种多样，色彩丰富鲜艳，开花整齐繁密，是优良的花坛花卉。适宜花坛、花境、公园、庭园栽培观赏，应用广泛。

适用地区：全国各地。

338. 向日葵

学名：*Helianthus annuus* L.

科属：菊科向日葵属。

形态特征：一年生草本，高1～4m，主茎直立粗壮，被白色粗硬毛。叶互生，心状卵形。头状花序极大，花序边缘为黄色的舌状花，不结实，花序中间为管状花，棕色或紫色，结实。果实为瘦果，花期7～9月份，果期8～9月份。

生长习性：喜光，耐旱，忌水湿，适应性强，生长迅速。

园林用途：植株高大，花色艳丽，惹人喜爱。适宜公园、绿地景观栽培，也可用作夏秋季花境背景材料。

适用地区：全国各地。

339. 瓜叶菊

学名：*Pericallis hybrida* B. Nord.

科属：菊科瓜叶菊属。

形态特征：多年生草本，常作一二年生栽培。全株密被白色绒毛，叶大形，如瓜叶，故称瓜叶菊。头状花序多数顶生排列成伞房状，小花有紫红色、白色、粉色、蓝色等。瘦果长圆形。花果期3～7月份。

生长习性：喜光，喜温暖湿润气候，不耐高温霜冻，需低温温室栽培。

园林用途：花色鲜艳，品种丰富，花色繁多，是优良的早春观赏花卉。适宜早春花坛、花境种植，或者盆栽布置、花展及室内布置。

适用地区：全国各地。

340. 醉蝶花

学名： *Cleome spinosa* Jacq.

科属： 山柑科白花菜属。

形态特征： 一二年生草本，全株被腺毛。掌状复叶，小叶5～7枚，长圆状被针形，叶柄基部有托叶刺。总状花序顶生，花白色或紫色，花瓣倒卵形，花蕊突出如爪，形似蝴蝶飞舞，花色娇艳，初为粉白，次转粉红，后变紫红，一花多色，兼具蜜腺，常令飞蝶陶醉，因此名醉蝶花。花期初夏，果期夏末秋初。

生长习性： 适应性强。性喜高温，较耐暑热，忌寒冷。喜光，半遮阴地亦能生长良好，对土壤要求不严。

园林用途： 花瓣轻盈飘逸，盛开时似蝴蝶飞舞，非常有趣，观赏价值极高。适宜夏秋季节布置花坛、花境，也可种植于疏林下或盆栽种植。

适用地区： 全国各地。

341.须苞石竹

学名： *Dianthus barbatus* L.

科属： 石竹科石竹属。

形态特征： 多年生草本，常作一二年生栽培，茎直立，有棱，节间长于石竹，且较粗壮，少分枝。叶披针形，花小而多，有短梗，密集成头状聚伞花序，花色有红、白、紫、深红等。花期5～10月份。

生长习性： 喜阳，喜肥，耐寒，不耐酷暑，喜肥沃疏松、排水良好土壤。

园林用途： 花多数聚集形成一个大花球，有墨紫、绯红、粉红或白色，十分美丽，极具观赏价值。适宜花坛、花境布置，也可用作切花。

适用地区： 全国各地。

342. 虞美人

学名：*Papaver rhoeas* L.

科属：罂粟科罂粟属。

形态特征：一二年生草本，全株被刚毛，株高30～60cm，具乳汁。叶不规则羽状分裂。花单生，有长梗，未开放时下垂，花开后向上，花冠4瓣，薄如蝉翼，有光泽，花色丰富。蒴果杯形，花果期3～8月份。

生长习性：喜温暖阳光充足的环境，耐寒，忌高温高湿。

园林用途：花色丰富，姿态优美，薄薄的花瓣在阳光的照耀下格外美丽，观赏价值高。可成片栽植作花海景观，也可布置花坛、花境。

适用地区：全国各地。

343.彩叶草

学名：*Plectranthus scutellarioides* (L.) R.Br.

科属：唇形科鞘蕊花属。

形态特征：多年生草本，常作一二年生栽培。全株有毛，茎四棱，单叶对生，卵圆形，先端长渐尖，边缘具钝齿，叶色丰富，有绿色、淡黄、桃红、朱红、紫等。顶生总状花序，花小，浅蓝色或浅紫色。花期7月份。

生长习性：喜光，喜温暖气候，忌干旱，不耐寒，喜疏松肥沃土壤。

园林用途：品种丰富，叶片色彩斑斓，观赏期长，是优良的观叶植物。广泛应用于花坛、花境、花槽、公园、庭园美化种植。

适用地区：全国各地。

344. 一串红

学名：*Salvia splendens* Ker-Gawl.

科属：唇形科鼠尾草属。

形态特征：常作一年生栽培应用。亚灌木状草本。茎钝四棱，叶卵圆形或三角形卵圆状。顶生总状花序，花序长，苞片卵圆形，红色，较大，花萼钟形，红色，花冠红色，花冠筒筒状，直伸，在喉部略增大，冠檐二唇形，花形十分美丽，花期3～10月份。

生长习性：喜光，也耐半阴，不耐寒，喜肥沃疏松土壤。

园林用途：花序修长，花形美丽，色彩鲜红，串串花序形似炮仗，一片红艳，花期超长，观赏价值极高。广泛应用于花坛、花境及公园绿地片植或作为色块种植。

适用地区：全国各地。

345. 羽衣甘蓝

学名：*Brassica oleracea* L. var. acephala DC. f. tricolor Hort.

科属：十字花科芸苔属。

形态特征：二年生观叶草本，为结球甘蓝（卷心菜）的园艺变种。结构和形状与卷心菜非常相似，区别在于羽衣甘蓝的中心叶皱缩，不会卷成团。株高20～40cm。总状花序顶生，花期4～5月份，虫媒花，果实为角果，叶片的观赏期11月底～翌年3月份。

生长习性：喜冷凉气候，极耐寒，不耐涝，适应性强，长势旺。

园林用途：叶片形态美观多变，色彩丰富，呈白黄、黄绿、粉红或红紫等色，绚丽如花。观赏期长，是优良的冬季室外观赏花卉。适宜布置冬季花坛、花境及公园道路绿化。

适用地区：全国各地。

346. 碧冬茄（矮牵牛）

学名：*Petunia×hybrida*

科属：茄科碧冬茄属。

形态特征：一年生草本，高30～60cm，全体生腺毛。株丛低矮，叶卵圆形，花朵单生于叶腋或枝端，花冠似喇叭，花形多样，有单瓣、重瓣、波状瓣、锯齿瓣等，花色丰富，有红、白、粉、紫及各种带斑点、网纹、条纹等，花期4月份至霜冻。

生长习性：喜温暖、阳光充足、通风良好的环境，不耐寒，不耐雨涝。

园林用途：品种繁多，色彩绚丽，五彩缤纷，观赏期长，是优良的园林花卉。广泛应用于公园、城市道路、绿地美化、花坛、花境及盆栽种植。

适用地区：全国各地。

347. 三色堇

学名： *Viola tricolor* L.

科属： 堇菜科堇菜属。

形态特征： 多年生草本，常作一二年生栽培。全株光滑，茎长而具分枝，常卧于地面。基生叶长卵形、具柄，茎生叶卵形。原种每朵花一般都具有紫、黄、白三色，对称分布于花瓣上，形同猫脸，俗名猫儿脸。花期4～6月份，果熟期5～7月份。

生长习性： 喜阳光充足、凉爽气候，较耐寒，不耐高温积水，对土壤要求不严。

园林用途： 园艺品种非常丰富，花色多样，极具观赏价值。广泛应用于花坛、花境、花丛、草坪边缘绿化景观，也可盆栽布置阳台窗台。

适用地区： 全国各地。

348. 角堇

学名： *Viola cornuta* L.

科属： 堇菜科堇菜属。

形态特征： 多年生草本，常作二年生栽培。茎较短而直立，花形与三色堇相同，但花径较小，花朵繁密，园艺品种繁多，紫色、大红、橘红、明黄及复色等。花期12月～翌年6月份。

生长习性： 喜光，耐寒性强，在南京地区可露地越冬，忌高温，但比三色堇耐高温。对土壤要求不严。

园林用途： 花朵繁密，花小巧可爱，花色丰富，开花时整盆都是花朵，非常美丽。广泛应用于花坛、花境尤其是冬季花坛，也可盆栽布置阳台或悬挂栽培。

适用地区： 全国各地。

349. 五星花

Pentas lanceolata (Forsk.) K. Schum.

科属：茜草科五星花属。

形态特征：多年生亚灌木，多作一年生应用栽培。枝条柔软，对生叶质地薄，披针状，被绒毛。顶生聚伞花序，每朵小花有一个长管状的基部，花冠张开呈五角星状。花色为淡紫红色，也有蓝紫、白、粉、红色等品种。花期6～10月份。

生长习性：喜光，喜温暖湿润气候，稍耐寒，长江以北需室内过冬。

园林用途：数十朵聚生成团，形成花球，花期长，花色艳丽悦目，极具观赏价值。适宜布置花坛、花境，也可盆栽布置庭院阳台或大量群植布置景观。

适用地区：长江流域及以南地区。

350. 天竺葵

学名：*Pelargonium hortorum* Bailey

科属：牻牛儿苗科天竺葵属

形态特征：常作一年生栽培应用。茎直立，基部木质化，叶近圆形或肾形，边缘有波浪形浅裂。伞形花序腋生，花多，总花梗长，花色丰富，有红色、橙红、粉红或白色，花期5～7月份。

生长习性：喜光，喜冬暖夏凉气候，忌干旱积水，对土壤要求不严。

园林用途：花葶直立，花色艳丽，密集，园艺品种丰富，观赏价值高。广泛应用于花坛、花境、花墙布置，也常盆栽用于室内观赏。

适用地区：全国各地。

参考文献

[1] 吴征镒，洪德元. 中国植物志［M］. 北京：科学出版社，2010.

[2] 林妍. 上海道路景观绿化中花境运用浅析［J］. 现代园艺，2019，376（04）:132-133.

[3] 黄菊秋，杨华妹，傅丽梅. 5种宿根花卉在南宁市的引种栽培［J］. 广西林业科学，2019，48（01）:141-144.

[4] 胡垡，柴红玲，余璐. 丽水市花境植物应用分析［J］. 北方园艺，2018，419（20）:106-111.

[5] 张扬，许文超，史洁婷. 园林花境的设计要点与植物材料的选择［J］. 生态经济，2015（3）:191-195.

[6] 王小德. 多年生花卉在植物造景中的应用［J］. 浙江大学学报（农业与生命科学版），2000，26（2）:225-228.

拉丁文索引

C

D

L

M

N

O

P

R

S

T

V

W

Y

Z

中文索引

G

H

J

K

L

M

Y

Z